六度思维

Six Degrees

姜达洋 著

中国人民大学出版社
·北京·

目　录

第一章
六度思维是什么？

熟悉的陌生人

作为一名高校教师，参加学术交流、进行科学研究是我们重要的日常工作。为了交流思想、加强学习，我们经常参加在全国各地举办的各种学术研究会议，在会议上当众宣读自己最新的学术论文，听取来自全国各地的专家、学者的建议与意见，以求精益求精，持续提升自己论文的整体质量。当然，在这些学术会议中，我们也可以广泛听取其他专家、学者的论文，吸收他们的新思想、新观点，实现终生学习目标，不断提高自己的学术能力与科研素养。

在这样的学术研讨活动中，当然会经常接触一些来自全国各高校或者研究机构的专家、学者。与很多朋友一样，在正式的会议间歇时间，我们也会与其他本来根本不认识的参会代表攀谈，以结识新的朋友。

也许很多在火车或者飞机等公共交通工具上萍水相逢的两个完全陌生的人，因为缺乏对于彼此的了解，为了保护自己的人身与财产安全，通常更喜欢随意地谈谈天气、侃侃体育、聊聊奇闻轶事，或者凑在一起发发牢骚，骂骂政府或领导，从而避免涉及更多的个人或者家庭信息，以免给自己带来不必要的麻烦。

作为一名大学老师，我们也不能免俗。如果是在火车或者其他公共场合偶然遇到的陌生人，也许我们同样选择尽量不涉及或者少涉及双方的个人信息，而是随意地聊一些无关紧要的话题。

然而，在这些学术研讨活动中，尽管参会代表有可能彼此之间并不认识，但大家同属一个学术圈子，都是从事经济学相关研究工作的专家、学者，因此可以聊的共同话题远多于其他公共场合所认识的陌生人，彼此之间也拥有更多的共同评议。相比较而言，我们当然愿意更多地聊一些国内高校或者学术研究圈子内的新闻、话题，当然有时也会针对各种经济现象与经济问题展开高谈阔论。

在上述的聊天模式中，消除对话者彼此之间的陌生感、拉近双方的距离是进行深谈的首要前提。因此，单就笔者而言，在多年的学术交流与研讨锻炼之下，笔者已经提炼出三套不同的方案，基本上都可以一下子拉近与对方的距离，使得双方产生原来我们都是熟悉的陌生人，本来就应该成为朋友的感觉。

首先，在各种学术交流活动中，很多陌生人往往不会记住你是张三还是李四，你所在的单位（当然，通常是某某高校或者是某某研究所）成为了其他陌生人记住你的重要代码。如果对方是来自北京大学的教师，正好笔者也拥有一些在北大任教的朋友，特别是通过各种学术活动认识的北京大学的一些资深名教授，那么只要提到“哎呀，我和你们学校某某专业的某某老师是朋友”或者“我听过你们学校某某名教授的课，真是受益匪浅啊”。如果对方正好认识这些来自同一单位的朋友，一下子就会觉得原来我们拥有共同的朋友，那么我们岂不也应该是朋友吗？即使对方不认识自己所提到的这些朋友，但由于你拥有和他一个单位的朋友，也会让对方一下子产生浓浓的亲切感，可以消除彼此的距离感。

如果对方来自一个你并不熟悉的高校，你根本没有与他同校的熟人，那么你就应该执行第二套方案了。比如对方来自南京师范大学，尽管你不认识南京师范大学的朋友，但南京师范大学与南京大学同处一个城市，若你认识同一个城市（比如来自南京大学）的知名学者，那么其实有很大的机会，对方应能认识这些同城且处于相同研究领域的知名学者。那么，我们只需提及同一个城市来自其他高校的知名学者，无论对方是否认识，你熟悉他所在城市、所在区域学术圈的事实同样有助于拉近双方的距离。

如果遇到一个最复杂的现象，对方来自一个你不熟悉的地区，无论他自己的单位或者他所在区域的其他高校的学者你都不熟悉、不了解，那么你只能执行第三套终结方案了。既然我们不能从对方所属的单位或者地域着手，找到彼此的共同点，那么我们完全可以从对方的研究领域入手，寻找彼此之间的联系。例如，原来你是研究技术创新问题的，我上次听过某某研究这个领域的名专家的发言，对这个问题有所了解或者对这个问题很有兴趣。既然对方也是研究这个领域的，那么你只要提及与他研究同一领域的专家学者，他当然不会陌生，那么也能让对方产生言谈投机、相见恨晚的感觉了。

其实，并不止于笔者，相信很多朋友都拥有过非常类似的感觉，在一些偶然的社交场所，也许我们偶然结识了某一位陌生人，然而在随意的聊天之中突然发现，原来我们都拥有共同的朋友、共同的经历或者其他共同的联系，大家不由感叹一声：“这个世界可真小啊！”

“海内存知己，天涯若比邻”，古人早已充分感受到了这个小世界现象，这似乎并不是什么奇闻。然而，各位朋友，每次当你们在千里之外却能偶遇这些熟悉的陌生人，并发出“这个世界可真小”的时候，你们有没有思考过，这些看上去巧合的现象，背后是否存在一定的客观规律呢？

六度分隔的由来

想必很多人都会发现，似乎在冥冥之中，人与人之间总有着千丝万缕的联系。很多时候，许多看上去没有丝毫关系的人，由于一些偶然的机缘巧合，却能发现彼此之间有着极为明显的共同之处，比如有着共同的朋友、共同的爱好。当两个本来素不相识的人相见后，却会顿生相见恨晚的感觉，这也许就是通常所说的有缘千里来相会。

“十年修得同船渡，百年修得共枕眠”，在绝大多数情况下，我们总喜欢把人与人之间的结识视为无法解释的缘，或者说是我们所不能理解的上天的安排。实际上，在很多学者看来，人与人之间的确拥有很多我们难以想象的联系，世界似乎在这种神秘力量的作用下变得异常狭小，我们面临的已不再是一个广袤无垠的巨大地球，似乎只是一个狭小的地球村。身处世界各国的肤色不同、种族不同、民族不同、国籍不同的民众同为一个小小地球村的村民，彼此之间或者拥有直接的社会联系，或者可以通过某种间接的作用关系而形成间接的联系。

当两个陌生人在一次偶遇中发现彼此拥有共同的朋友之时，也许会脱口而出："这个世界可真小啊!"的确，两个本来素不相识却拥有间接联系的人，能够在上天的安排下，在一个偶然的机会相遇，并且发现彼此之间的这层联系，这看上去的确是一个小概率事件，甚至在很多人看来，这可以堪比中彩票的偶然事件。

然而，事实上，随着互联网与现代通信技术的广泛应用，我们已可以走出祖祖辈辈长期生活的小山村，开始拥有更为丰富多彩的生活体验，享受更加绚丽的人生，融入成员数量更为庞大的社交网络。此时，我们发现自己其实更容易遭遇到上述传统意义上的小概率事件，似乎已不能用偶然或者运气去解释这种特殊的现象。

早在 20 世纪中期，国外的一些社会学家、物理学家、数学家就已深入地研究了上述现象，并将其形象地归纳为小世界现象。的确，当我们一次次地感慨这个世界可真小的时候，我们已经无法再像中世纪那样，把一切都推给无所不能的上帝。我们需要运用更为科学的研究方法，推究其中的科学原理。

经过长期的研究，这种小世界现象已被很多学者描述为六度分隔现象。六度分隔听上去似乎是一个非常陌生，也非常复杂的名词，但事实上，它的基本含义为：在任何两个人之间，他们之间的联系最多不会超过六层。换言之，只需要最多通过六个人，我们就可以帮助任意两个人建立起有机的联系。

按照六度分隔的含义，作为中国高校的一名普通老师，我与美国总统奥巴马先生、撒哈拉沙漠中一名最常见的阿拉伯牧人或者亚马逊热带雨林中某个原始部落的普通成员，都只需要通过六个人就可以达成联系。

以我和奥巴马总统为例，也许我的某一个朋友 A 认识他的朋友 B，而 B 又认识 C，依此类推，只需要最多通过六个人，也就是从理论上说，我的某个朋友的朋友的朋友的朋友的朋友的朋友正好认识奥巴马。这个说法听起来似乎有些不靠谱，更难以通过事实去验证，因为我也不清楚，在我所有的朋友中，究竟是谁或者是哪几个人可以通过他的朋友帮助我认识这位了不起的奥巴马先生，但它是一个客观存在的事实。

当然，如前所述，笔者在一次次学术会议上的亲身体验已充分证明了，在国内的众多研究经济学的学者群体中，哪怕之前根本不认识，但基本上只需要通过一个人或者两个人就可以形成有机的联系，根本不需要六个层次，彼此之间只存在一度或者两度的分隔关系。

当然，上例并不具有代表性：一是所有参加会议的人员都是中国人，尽管他们分居在不同的省市，但从地域分布上说，比起六度分隔理论所设想的两人处在世界各国的假设条件要简单得多。二是正如我介绍的那样，所有参加会议的人员通常都是国内各大高校或者研究所的教师或研究人员，他们具有相同或者类似的职业，这也直接导致了所有人员之间的联系往往比其他毫无共通之处的研究对象会紧密得多。

最重要的是，正因为笔者参加的所有学术会议基本上都是一些经济学主题的研讨会，参会人员大多拥有近似的研究领域，这就确保了彼此之间的紧密联系。事实上，想必很多读者朋友都熟悉，通过中央电视台的《百家讲坛》而声名鹊起的研究历史学的钱文忠先生或易中天先生，尽管他们的名气远大于很多默默无闻的研究经济学的普通老师，他们的朋友也应该远多于那些毫无名气的普通经济学老师，然而要想找出笔者与这两位名家之间的联系，显然就要困难得多了。当然，由于钱文忠先生是复旦大学老师，易中天先生是厦门大学老师，与笔者都是身居高校系统，只要通过与这两位老师熟悉的在两个学校中任职的研究经济学的老师，笔者仍然可以相对容易地构建起与他们之间的联系，相信根本用不了六个层次。

如果两个研究对象拥有较多的共同之处，那么构建他们之间的联系将较为简单，这恰如笔者所提到的众多国内研究经济学的高校教师一样。如果两个研究对象基本不具有共同之处，比如笔者与遥远的非洲或者拉美某一名土著居民，那么去发掘彼此之间的联系就会更困难。当然，从理论上说，即使看上去毫无共通之处的两个人，彼此之间最多也只隔着六层关系，这就是六度分隔的最终结论。

六度分隔的实验结果

尽管很多数学家、物理学家、生物学家、信息学家已在不同学科的理论框架下，运用各种复杂的数学分析与数学模型分析工具，通过系统论与图论解释了六度分隔的形成机理，从而在一个复杂的信息数据网络之中构建起一种非线性的信息级联，并归纳出了复杂网络中两个随机分子之间的有机联系。

然而，这些复杂的数学分析过于阳春白雪，以至于只有在这些领域最为专业的学者才能理解其中的深奥含义，这样就无法让众多不具有高等数学分析能力的普通民众得窥一斑，以致六度分隔这个简单的社会现象却成为少数人了解的高深专业规律。

通过事实的验证，尽管我们无法准确地得出六度分隔的数学结论，却可以最为直观、简单的表达形式让更多的普通老百姓理解它的真实含义。事实上，六度分隔名词的由来，并不是源于专业的数学分析，它恰恰来源于社会学家一次独出心裁的实验。

早在数百年前，就有很多哲人注意到六度分隔所揭示的这种人与人之间的某种神秘联系。当然，他们更多地把这种联系视为一种神秘现象，并归结为一些不可知的原因，因而无法相对准确地归纳出人与人之间这种联系的层级。但是，六度分隔这个客观现象的基本结论为，在由相识关系所构建起来的庞大社会网络体系之中，任意两个人之间只需要通过很少的几层朋友关系，就可以形成联系，已经作为一个无法验证的推论在很多学者之间口口相传。但是，这个所谓的很少的几层朋友关系究竟是几层以及这样的结论是否准确，没有人能够准确地予以确认。

1967年，哈佛大学教授、当时著名的社会心理学家斯坦利·米格拉姆进行了一次广为人知的实验，上述不可知的推论才真正引起了广泛的民众关注，并最终创造了现在我们所见到的六度分隔概念。

米格拉姆创新性地设计了一种新颖的信息传递机制，他写了一些信件并随机散发给内布拉斯加州奥马哈和马萨诸塞州波士顿等地的民众，所有这些得到信的民众都是他随机找来的，而信件却是寄给马萨诸塞州沙伦（Sharon）地区的一名普通股票经纪人。

米格拉姆对信件的传递制定了以下游戏规则：所有得到信件的人只能把信件发给自己熟悉的、知道名字的人。当然，如果得到信件的人本来就认识这位股票经纪人，就可以直接寄给它；但是，如果他并不认识这位股票经纪人，那么他就应该把信寄给一位自己认识并且自己认为会更接近目标收信人的朋友。

特别说明一下，米格拉姆是哈佛大学的老师，因此他的实验自然就会选择哈佛大学所在的马萨诸塞州的大波士顿地区作为研究的中心地带。对于不熟悉美国地图的朋友来说，拥有哈佛大学、麻省理工学院等世界名校的马萨诸塞州身处美国的东北部，其所处的位置近似于中国的辽宁。内布拉斯加州是美国中北部的一个州，其位置大致相当于中国的陕西。当然，在很多人看来，从陕西到辽宁的距离似乎并不算太过遥远，可是试想在交通远不及当前发达且没有计算机通信手段帮助的四十多年前，这几乎是一个遥不可及的距离。

就文化而言，以清教徒为主体、凭借发达的高等教育而被戏称为研究型大学的马萨诸塞州，民风以传统而保守为基本特征。而内布拉斯加州以复杂的地形地貌和印第安文化而著称，民众以新教徒为主体，民风更为粗犷彪悍。对于 20 世纪中期的美国民众而言，这简直是两个世界。

在进行实验之初，米格拉姆曾经问过所有第一手得到信件的人，让他们猜测大概需要经过多少手的传递，这些信件才能到达那位最终的收信人手中。问题的答案固然多种多样，但绝大多数的答案基本都是猜测需要经过数百次传递。事实上，尽管最终只有部分信件到达了真正的收件人手中，但所有完成传递的信件所经过的层次大致接近于 6。更令人惊奇的是，其中有一封信居然只用了四天时间，经过了两位中间的发信人，就准确到达了最终收信人的手中。这就是六度分隔概念的真正由来。

特别说明一下，由于上述信件的传递完全依赖于每一名参与实验者的自觉自愿行为，因而早期实验的到达率并不高。最初一次实验的 60 封信中只有 3 封最终准确找到收件人，而后续的实验中，96 封真正通过内布拉斯加州发件人传递的邮件也只有 18 封最终完成传递。但是，随着实验机制的不断完善，信件的最终传递率居然达到不可思议的 97%，而实验的最终结果仍是只需要通过 6 次传递，信件就可以送达任意一个陌生的收信人，这也成为六度分隔概念的由来。

与此同时，在米格拉姆最初确定实验名单时，他是通过购买邮件名单的方式得到最初的发信人名单。事实上，最为人所质疑之处也缘于此，在最早的实验名单中，居然有相当多的发信人是来自与最终收信人同处一州的波士顿地区，这其实根本无法保证发信人与收信人是处于完全没有联系的两个不同空间，这显然会或多或少地影响实验的最终结果。

另外，在这份买来的名单中，还有相当多的人是一些蓝筹股的投资者，而信件的最终收件人正是一名股票经纪人；换言之，他们之间其实是具有明显联系的。事实上，实验结果也证明，源于波士顿和股票投资者发信人的邮件的到达率远高于真正源于内布拉斯加州的发信人，而这些源于波士顿和股票投资者的信件的传递手数也明显少于其他的样本数量。其实，这也揭示了在六度分隔理论之中，不同样本对象拥有的相似性对其内在联系的影响，这恰恰是后文在介绍六度思维时再三提示读者们注意的一个重要的六度思维内容。

六度分隔背后的六度思维

也许在很多人看来，六度分隔只是一个专业数学中的概率统计问题，或者复杂系统理论中的图论问题，或者是社会学中一个普普通通的社会现象。实际上，在这个看似平常的现象背后，其实却蕴藏着很多朴实而又极具价值的思想，这就是通常所说的六度思维。

在人类社会中，人与人之间通过人际交往关系构建起复杂的关系链，其实与自然界中物竞天择、适者生存的食物链存在着极为明显的相似之处。看上去，在大自然之中，也许两种生物之间并没有直接的联系，但分处食物链不同层次的各种生物，却会通过其他物种产生彼此的联系。如果破坏一种生物的生存环境，或者说人类猎杀某一种自然生物，看上去只是影响这一种生物的生存，可是当自然界的平衡被打破后，整个生物链中所有生物的生存都会面临着极为严峻的挑战。追求不同物种之间的平衡、协调发展，也成为现代各国实施环境保护的共同选择，而这其实也是六度思维在自然界的集中体现而已。

从曾经毁掉半个欧洲的黑死病，到一度席卷中国、造成人人自危的 SARS，再到近期整个世界谈之失色的埃博拉病毒，一次次高烈度强传染病的爆发，总能给人类带来无尽的死亡与恐慌。事实上，无论这些高危性的致命病毒发生了什么样的变异、具有什么样新的基因构成，它的传播仍是通过人与人之间接触进行的链式传播。在缺乏足够病毒防治的条件下，病毒通常会从一名患者身上，通过肌肤接触、空气传播或者血液传播，感染到每一位与之产生接触的身边人，这些新的感染者又成为新的病毒传播源头，再次感染身边的人。也许某一名传染病患者并没有与最早的患者产生直接的联系，但通过两人之间无数条病毒传播链条，病毒被广泛传播到更为广阔的世界。

无论自然界中食物链的平衡，还是恶性传染病毒在全世界的传播，决定其体系内不同主体联系的仍是六度思维。我们不能单纯关注能够产生直接联系的系统成分，更应该运用整体思维和全局的眼光，把握到系统内部，抽象出所有没有直接联系的众多生物系统组成部分之间的联系，这才是最符合六度思维的行为方式。

当然，与自然界中天生存在的六度分隔现象相比，我们往往更关注人际交往之中的六度思维。简单地说，六度思维是一种指导人们进行日常社会交往的思维方式。自改革开放以来被引入中国，并曾被很多人推崇的直销模式，其实就是运用六度思维的分析框架，充分利用营销体系中每一名参与者的人际关系，通过人与人之间这种链式的交往传递机制，实现企业销售业绩的稳定增长。其中，最为典型的代表莫过于大家所熟知的安利了。

套用六度思维进行产品直销的产业模式，通过所谓的关系营销，组建起一张无形却又无所不包的庞大营销网络，充分开发网络体系中成员的社会关系，以此保证销售业绩可以通过人际关系网络而无限展开。在这种人际链式的交往过程中，整个营销模式所倚重的已不再是某种特殊的商品，而是人与人之间紧密的关系网络。随着营销网络的不断壮大、管理机制的持续改进，本来充当营销主体的商品的作用反而弱化，此时企业只需培育从上线到下线的营销关系，而销售的对象是什么反而变得不再重要。从某种意义上说，传销或者直销的营销模式最终销售的其实只是人与人之间的信任。这也使得越来越多的企业与个人开始刻意消费这种人际的信任关系，并通过某些并不具有巨大实际价值的商品，甚至某些虚拟的利益来实现这种营销的扩张，直销也就此演化为现代意义上的传销。

事实上，如果单从营销策略上看，无论是直销还是传销，都是一种完全不同于传统上门推销或者场地营销活动的市场营销思维，它所利用的完全是人与人之间的交往能力，这恰恰是六度思维最为看重的因素。从这个方面看，如果不考虑法律的约束，设计出这种营销模式的商业人士反而是活学活用六度思维最为杰出的模范学生。

随着现代通信技术的持续发展，特别是互联网技术的应用，更为这种六度思维提供了宽广的应用空间。随着越来越多的人注意到它的价值，它已被广泛应用到市场营销与商业推广之中，我们所熟知的病毒式营销或互联网营销大多根源于此。

除了最常见的互联网领域，甚至在很多制造业企业的生产管理之中，我们也可以明显察觉这种六度思维的思维模式正在持续改进企业的生产流程设计，提升企业的运营效率。20 世纪八九十年代曾经红极一时，被世界各国的工业企业视为现代工业生产模板的丰田模式和精益生产，从价值链的延伸角度强调了不同生产环节之间的无缝衔接，其实就是这种六度思维在工业领域最为典型的应用。

当然，本书所提的六度思维并不是某个教条性的行为准则，而是建立在六度分隔现象之上的一些策略思维模式，它需要每一名行为者在处理问题时，都能运用整体的眼光、联系的眼光去看问题，把握不同问题之间的脉络，不是头痛医头、脚痛医脚，而是综合地从整体和根源上着手处理问题、解决问题。

在人际交往之中，一方面我们需要关注自己的人际关系，培育自己的人脉资源，充分利用好自己的社会关系与社会资源；另一方面，我们又要确立一种间接思维模式，在无法直接解决问题的时候，通过迂回、曲折的手段，也能顺利帮助自己解决实际问题。

后文将针对六度思维的不同层面，结合真实的案例，帮助读者们真正理解六度分隔社会现象在指导我们行为决策中的作用，真正建立起符合我们自身需要的六度思维模式。

通过本书的阅读，读者朋友们将会发现，在六度分隔这个简单的社会现象背后却隐藏着很多我们不了解的复杂道理。六度思维中所包含的这些道理或者说客观规律，对于我们在学习、工作、生活之中的与人交往，也将起到极为重要的指导作用。

如果能够掌握六度思维的精髓，也许我们每个人都将成为一位能够充分利用自身的人脉资源，实现自身能力的持续扩张，推进个人的成长与发展的智者。这将帮助我们建立起一个更为坚实的成长环境，实现自身能力的极度提升，也许这才是我们学习六度思维的真正目的所在。

第二章 复杂社会系统中的个体

网络化的社会系统

六度分隔揭示了在现代人类社会中，不同社会主体之间客观存在的相互联系。事实上，人类社会是一个复杂的社会系统，它包含着我们所观测到的全世界超过60亿人口。然而，人类社会并非由60亿个单独存在的个体而组成。事实上，在现代社会之中，无论彼此之间是否认识、是否存在直接的社会联系，我们可以说，每一个社会成员都会通过各种直接或者间接的社交关系或组织联系而有机地结合在一起，由此编织起一张密密麻麻、无边无际的社会网络，这也构成了现代意义上的网络科学。

与我们所熟悉的通过若干台计算机终端和路由器所组建的计算机网络不同，人类的社会网络要复杂得多，其内在联系也更难以预测。社会网络最突出的特征表现为在整个社会网络下，不同的社会主体会通过各种社会活动形成彼此之间的吸引力与排斥力，从而确立不同社会主体之间或近、或疏、或强、或弱的张力，进而又会在整个社会系统网络内部形成数量繁多、规模不一的子系统，也就是不同层次的社交圈。而不同的社交圈又可以通过社会主体与圈内、圈外其他社会主体之间的社会活动产生交集，最终组成庞大的社会网络整体。

此外，与由静态物质组成的相对稳定的物质系统不同，在人类社会系统中，每一个社会主体都是有血有肉、具有行动力和决策力的活生生的人，他们在现有的社会网络中，并不是维持着一种静止的相互关系，而是通过不同的行为决策，对其他社会成员，进而对自己的社交圈以及整个社会网络施加不同程度的影响力，同时又会受到其他社会成员的决策影响。因此，在这样一个随时发生变化的社会网络系统中，变化是一个永恒的主题，而社会主体不可预测的各种决策行为，又在不断推动当前社会网络系统的变化与重构。

从表面上看，六度分隔只是揭示了在这种复杂的社会网络系统中，任意两个社会主体之间所存在的各种直接或者间接的社会联系。实际上，这些静态的社会联系并不是六度思维所关注的重点问题，不同社会成员之间通过各种相互影响、相互作用机制而形成的社会联系路径，以及彼此之间影响力的扩散与传导，从而实现特定社会成员向其他社会主体施加的特定影响力才是六度思维真正关注的核心问题。

可能很多朋友已被前面的一连串极为拗口、听上去又有些高大上的专业名词弄得丈二和尚摸不着头脑，一时难以理解作者到底是想说明什么道理。我们可以打个比方说明这个问题。

根据六度分隔的原理，大家清楚，只需要通过不超过六个中间环节，笔者就可以与美国总统奥巴马先生建立起某种社会联系。如果在一个静态的网络体系中，我们只需要通过链式的人际关系传导，排除所有错误的联系路径，就可以得出若干条笔者与奥巴马先生之间的联系方式。

然而，笔者到底是通过七大姑还是八大姨与奥巴马先生建立起这种联系，只是一种静态的结果。由于人总是处在与其他人的社会交往之中，每个人都会不断发展新的社会联系，这也意味着，也许当前我需要通过六个中间环节最终与奥巴马先生建立起联系，或许哪一天，笔者的某位同学、某位朋友就能与奥巴马先生直接形成社会联系，甚至在某次公开活动中，笔者可能有幸与奥巴马本人来个亲密接触。例如，现场听一次奥巴马先生的演讲，参加一次奥巴马先生参加的晚宴等。也就是说，我只需要通过一名中间环节的朋友，甚至不通过任何中间环节就可以与奥巴马先生建立起新的社会联系，从而大大缩短笔者与奥巴马先生的社交距离。因此，六度分隔并不是一个静态的结果，而应该处于不断的变化之中。也许今天最优的社会联系链。在不远的将在就将沦为一条低效率、低层次的社会联系链。在高度活跃的社会网络体系中，不同社会主体之间的联系也处于时时变化的节奏之中，从某种意义上说，甚至都不存在某种最优的社会联系链，因为此时的最优随时可能被两位社会主体之间新产生的某种社会联系所替代。

当然，笔者到底需要通过几个中间环节与奥巴马先生建立起某种社会联系以及到底如何建立起这种联系，对笔者而言并不存在真正的意义，哪怕笔者的邻居家的二小子的三大爷家的四女婿的五老舅现在给奥巴马当保镖，即使我们能够通过细致入微的排除法，归纳出这层复杂的社会联系，但这似乎连给笔者提供平时侃大山时吹牛的资本都没有。只有笔者能够通过这种曲折的社会联系对奥巴马先生施加影响，比如让奥巴马先生聘请笔者当他的经济顾问，或者为笔者在白宫预留一个其他的重要职位，这才是对笔者真正有意义的社会联系的存在。

如果我们把六度思维仅仅理解为找寻任意两位社会成员之间的有机联系，那显然抹杀了六度思维在现实生活中的应用价值。真正的六度思维是如何帮助我们在复杂的社会系统内部，通过一种迂回的、曲折的作用机制，向其他的系统成员更为有效地施加自己的影响力，从而实现自己的行为目标。只有实现了这种影响力的越级传导和有效作用，六度思维才真正发挥了其应该具有的效力。

复杂系统中的整体与个体

从某种意义上说，六度思维就是一种全局的、整体的思维方式，在看问题时，不是只见树木，不见森林，而是可以从整体上把握看上去孤立的、分散的个体之间的有机联系，并运用动态的、变化的眼光，看待整体社会系统中不同个体之间的相互联系与相互作用机制。

一般来说，整体是由个体构成的，某社会系统的整体属性应该是由众多构成它的个体而决定的。不同的个体彼此之间的联系是决定整体特性的重要来源。例如，尽管世间万物的形态不一，但万物都是由各种不同的化学元素组成的。

迄今为止，我们所认识的元素周期表只包含 118 种不同的化学元素，直到 2014 年 5 月，第 117 种化学元素才被实验证明是真实存在的，而第 118 号元素

Uuo 仍然只存在于理论之中。更具体地说，甚至只有第 98 号元素锎及以前的化学元素是自然界中可以找到的，而此后的二十种元素只能依靠实验室的化学实验并通过人工合成得到。这就意味着，无论我们面前的世界有多么复杂，我们面对的物质形态多么繁多，其实它们都是由这 98 种元素构成，只是不同的物质内部、不同化学元素的比例关系存在区别罢了。

尽管从物理形态和基本属性来看，我们阅读的书本，日常使用的电脑、手机，平时生活中时常看到的树木、道路等有着极为明显的形态差异，甚至可以说，普通人都很难抽象出它们彼此之间所存在的联系，更难以归纳出它们所具有的共同属性；但是实际上，它们仍是由我们所熟悉的区区 98 种化学元素组合而成，而繁复的世间万物又共同构成我们所生存的地球。

从整体上说，世间万物共处同一个地球，自然可以划分到同一个复杂系统之中，人与自然在地球中和谐共处，自然保证了复杂系统的整体平衡。然而，作为地球上具有最高智能的生物，人类一直以征服自然、改造自然为人类社会发展的重要目标，由此带来了整个地球的自然资源与生物资源结构的重新组合。如果单从整体系统的化学元素构成来看，其实并没有给系统本身带来大的变化，然而这种个体结构关系的变化却极大地改变了原有的自然运行规律，以致破坏了系统本身的平衡。

近年来，我国华北各地在秋冬季节经常被笼罩在浓浓的雾霾之中，这也引发了民众对于环境污染的愤慨和对政府环境保护不力的指责。事实上，无论是厂矿企业胡乱向大气排放有害气体、农民随意焚烧秸秆，还是道路上的汽车排放出来的尾气，从物质的循环来说，是源于地球这个生物系统的物质，仍然保留于地球本身，只是由于一些本来应该以其他形态存在的化学物质进入了大气循环，被大气系统吸纳，从而改变了大气原来的物质成分。从某种意义上说，空气污染只是由于人类的生产活动改变了地球系统原来的结构，打破了地球空气系统的原有平衡，从而导致整体系统中个体成分的变化，引起了不同个体之间的联系产生了变化，最终彻底改变了整体系统的自然属性。

另一个典型的例子就是我们在中学化学课本中学到的一个最为基础的化学常识。相必很多朋友都知道，我们平时写字、画画所使用的铅笔，其铅芯的化学成分是石墨，而很多女性朋友梦想在结婚时拥有的，能够代表忠贞、永恒爱情的钻石成分是金刚石。如果从物理形态上看，石墨黑漆漆的，尽管拥有固态的外表，却是质地柔软、手感细腻，而金刚石则是自然界中最坚硬的物质，晶莹剔透、五彩缤纷。如果单从物理形态上比较，两者似乎是截然相反、格格不入的两种完全不同的物质。

然而，如果比较石墨和金刚石的化学成分，我们却惊奇地发现，两者的物质构成都是碳。换言之，两者是相同的化学物质。这似乎是非常令人费解的现象，为什么两种物理形态完全不同的物质，却具有完全相同的化学成分？

其实，学过中学化学的朋友可能还会依稀记得，我们所看到的各种物质并不是世界的最小组成部分，物质可以细分为不同化学元素，而每一种化学元素又是由多个原子和电子构成。尽管从石墨和金刚石的化学构成来看，两者都是由碳原子所构成，但两者的原子结构却存在明显的差异。石墨中的碳原子呈现层状排列，上下层的碳原子之间隔着较大的空隙，这也导致上下层的碳原子很容易沿着水平面出现相互位移和重叠，由此造成了石墨柔软的物理形态。而金刚石中的碳原子是以更为坚固的正四面体的形态存在，这就决定了它无比坚硬的物理属性。

从某种意义上说，石墨、金刚石或者我们生活中接触到的任何一种物质都是一个最为基础的物质系统，而前面所说的原子、电子则是构成这个物质系统的个体部分。正如石墨和金刚石那样，决定整个系统属性的恰恰是整个系统中不同个体成分的联系。如果单从个体属性来看，无论是石墨还是金刚石其实都是由碳原子构成，因此其化学属性是完全相同的。然而，尽管拥有相同的组织部分，但由于不同碳原子的构成方式，或者说碳原子之间联系方式的差异，也就自然形成了与其他物质系统完全不同的系统属性。

正是由于上述原因，可能与很多朋友想象的不一样，在整个物质系统中，不是整体决定个体，而是由个体之间的联系机制反过来决定系统的本质属性，个体之间联系方式的变化，往往自然而然地造成了整个系统的属性演化与变迁。

社会网络之中的个体行为

在我们长期生存的地球之中，虽然各种自然物质也存在自然而然的演化，但这样的演化往往需要数万年，乃至数十万年的积淀，才能缓慢形成。在更为漫长的时间里，自然物质系统仍是以一种相对静态的姿态，依赖于自然的风化而产生适于各地自然条件的地质、水文与生态环境。

虽然植物与生物也具有一定的生命力，而且与人一样能够相对主动地适应环境的变化，通过一种自然演进的优胜劣汰，实现生物物种的进化。在这一过程中，不同的生态环境系统会形成多个物种或者多个生物体相互依存、相互作用的群体性生物系统，比如孕育多样化生物物种的森林、过着群居生活的兽群等。

在很多由多个生物体所构成的生态环境系统中，也会出现个体因素对于群体的极大影响，比如在极寒地带、沙漠地带等生态环境较为恶劣的地区，群体性的生物系统的彼此依赖程度相当明显。曾经有地质学家发现，当地质学家只是为了考察需要，在这些生态环境恶劣地区挖去一棵植物，希望带回去做生物检验与考察。然而，就是由于这一小棵植物的缺乏，导致原有的脆弱生态平衡被打破，就此打开了潘多拉的魔盒，导致其他的生物资源如同次第倒下的多米诺骨牌，陆续丧失原有的生命力并走向崩溃。也许在人类看来，只是采掘走了一棵小小的植物，但也许用不了三五年，整片林地都会因此而退化为一片沙漠，所有的生物最终走向死亡，而导致这一恶性结果的，却是一小棵不起眼的植物的采掘。

然而，由于缺乏主观能动性，物质生物系统中不同个体之间的影响力都是自然形成的，由此自然而然地影响了物种或者生物体之间影响力的传导。与自然界所存在的物质系统网络相比，人类社会网络的发展要复杂得多。

正如马克思所说的“最蹩脚的建筑师从一开始就比最灵巧的蜜蜂高明的地方，是他在用蜂蜡建筑蜂房以前，已经在自己的头脑中把它建成了”所揭示的那样，由于拥有其他生物无法比拟的智能，也使得人类具有了其他生物所不可能拥有的高度计划性和主观能动性，这就自然形成了不同人类主体之间相互影响、相互制约、相互联系的复杂的人类社会关系。正是这种人与人之间复杂的社会关系，决定了人类社会的演进和社会制度的变革。

正如我们所知道的那样，人类经过了数万年的演进才进化到今天的人类社会，我们经历了蛮荒时期的原始社会、残酷野蛮的奴隶社会、传统封闭的封建社会、野蛮与文明激烈碰撞的资本主义社会以及拥有光明前景和曲折道路的社会主义社会，尽管社会形态发生了非常巨大的变化，然而在任何一个社会之中，决定社会属性的仍是人与人之间的关系，或者说生产关系。

早在一百多年前，马克思就已把这种人类社会的演进规律归纳为生产力决定生产关系，生产关系又反过来推动生产力的发展。其真实的含义是，社会经济的发展将改变社会系统中人与人之间的关系，而人与人之间关系的不断调整又会反过来适应经济发展的需要。

人与人之间的关系变化，比如说少数人可以野蛮支配其他社会成员的生存权，这就是奴隶社会；通过土地的占有实现一部分人约束与剥削另一部分人的财富，则是封建社会；如果可以通过制度化的法律体系，通过契约的方式，根据资本的占有情况划分社会财富的分配权，则演化为资本主义社会；当人与人之间实现完全的平等，可以自由分享达到极大丰富的社会财富时，人类就进入了共产主义社会。事实上，不同社会的划分标准恰恰是各个社会人与人之间关系的重新构建。这又反过来证明了笔者所说的，一个整体系统的众多个体成分之间关系的打破与重构，将会彻底改变该系统的整体属性，个体联系也就成为了决定整体性质的根本元素。

在不同的社会制度下，不同的政治、经济、文化制度确定了所有社会成员的社会环境，而每一名社会成员都根据其生产资料的占有、政治权力的授予，确立了自身的社会角色。人生就像一场戏，当每一个人都可以轻松自如地在社会经济发展过程中扮演好自己的角色时，又反过来维护和发展了当时的社会制度及社会生产关系。当然，在这个过程中，制度往往也会提供一定的角色转换路径，以确保每一名社会成员都有从低级层次向高级层次转变的可能，哪怕是终生的龙套角色也有机会在下一部戏中成为主角，也就是通过希望与梦想，维系低层级成员对于社会系统的认可度与承受力，进一步维护当时的社会制度稳定。

相反，在历史上的各种社会制度下，特别是在人人平等的社会主义制度之前的各种剥削制度下，不同的社会层级所占有的经济资源与社会地位存在明显的差异，这就造成了严重的社会不平等。当这种不平等积累到一定程度时，又会进一步激化这种不同层次社会成员之间的社会关系。低层级成员出于改变自身命运，甚至只是简单维护自己生存权的考虑，必然会向高层级成员发起激烈的挑战，从而导致不同社会角色之间发生的冲突日益激化，这又会危及该社会中的现有经济制度和政治制度。

高层级成员可以通过微调式的革新与改革，改善低层级成员的生存条件，缓和彼此之间的矛盾与冲突，或者通过低层级成员所采取的激烈革命，彻底颠覆原有的社会制度，迫使社会制度向下一种类型转变。改革与革命这两条道路基本构成了现代社会不断由低级社会向高级社会演进的不同路径选择。

事实上，无论是哪一种社会制度的建立、维护或者是更替，其原因都是不同社会成员之间行为博弈的结果。不同的社会成员和社会群体会根据地缘、血缘、亲缘、学缘、资源占有、生活经历等标准，组成一系列社会交往的圈子，也就是一系列小的社会组织。由于每一名社会成员根据不同的标准可以跨界进入不同的社交圈，从而形成与不同社交圈内成员之间紧密的社会联系，进而组成一张像网一样的社会网络体系。

在社会网络体系中，每一名社会成员会根据自身社会角色的差异，决定它的社会权利，并以此沿着自己的社交网络链条向其他社会成员施加影响。在这个过程中，由于个体自身的能力水平以及他与其他个体之间联系紧密程度的差异，将决定在两者的互动联系过程中彼此所施加的影响力，以及对于个体本身、双方所在的社交圈，乃至整个社会系统所产生的影响力。

当代社会学正是通过严密的系统动力学的分析方法，在一系列社会发展的进程之中，研究每一个个体与群体之间的联系与影响的变化。传统的研究往往运用静态的研究视角，分析在社会网络系统中社会力量的传导路径，以及个体行为对社会网络影响能力的传导。要实现这一目标，就必须最大限度地收集网络系统的相关信息，并通过信息的排查与筛选来确定最终结果。

简单地说，上述传统的静态研究所关注的是，笔者应该如何与美国总统奥巴马先生形成联系，并最大限度地对其施加影响力。因此，首先需要确定与我直接产生联系的所有行为人的名单，再继续围绕所有的目标名单的社会联系，一步一步排查最有可能与奥巴马先生产生联系的人际交往环节，并最终确定从笔者到奥巴马先生的最优传导路径。要完成上述工作，所需收集和处理的信息量将是一个天文数字。事实上，即使是目前运算速度最快的计算机系统要想完成这样的任务，也不是一件简单的工作。

正如在第一章曾经分析的那样，即使我们能够找寻出从笔者到奥巴马先生的最近联系关系，确定笔者与奥巴马先生的六度分隔，然而，我们仍然没有办法保证每一个环节的力量传导，比如在奥巴马先生身边或者美国白宫可能拥有数百，乃至上千名工作人员，他们几乎每天都和奥巴马先生在相同的工作地点工作，低头不见抬头见，他们彼此认识的可能性相当大。也就是说，只要我们能够通过人际关系的传导，联系到某一位白宫工作人员，其实就可以再多花一个环节联系到奥巴马先生。

如果是作为一国总统的奥巴马先生要求某一位白宫的工作人员完成一项任务，当他的要求并不过分的时候，对方会有很大的机会接受奥巴马先生的任务。毕竟对于很多人而言，能够有机会帮助到总统先生是一件很值得骄傲的事。然而，如果是白宫的一名普通工作人员向奥巴马先生提出某一项要求，哪怕是一项并不麻烦的小事，奥巴马先生接受的可能性也不大。

事实上，尽管从人际关系的角度来看，从一名白宫工作人员到奥巴马先生，或者从奥巴马先生到同一名工作人员，两者拥有完全相同的社交网络链条和影响传导路径，但两者之间影响力的传导却不平衡。也就是说，即使我可以通过自身的关系联系到某一位白宫工作人员，但指望他把我的意愿或者要求传达给奥巴马先生并让对方接受，几乎是不可能的任务。相反，如果奥巴马先生通过身边的某一位工作人员托人找到我这儿，委托我帮他办一件小事，也许我会给美国总统这个面子。

同理，作为一名大学老师，在工作繁忙时，有时我会委托某一名较为熟悉的学生帮助自己取快递或者帮忙去购买一份快餐，尽管这些工作并不是这些学生的本职工作，但我的这些请求通常并不会被拒绝。但是，如果有某一名学生提出麻烦我替他去取快递或者买快餐，相信除非特别熟识的学生，而且自己的确也顺路、不会太过麻烦的话，我的第一选择通常就是拒绝对方的请求。这也意味着即使我们能够通过人际交往关系的梳理，找出我和这名学生之间的联系，但它并不代表影响力能够顺畅地双向传导。这样的影响力传导在不同的方向上往往并不平衡，实际上也就意味着社会网络体系中人与人之间影响力的传导是不可逆的，即在方向的选择方面具有明显的差异性。

从上面这个简单的例子来看，即使我们可以通过静态的社会网络动力学，花费大量的资源与精力，回溯出社会网络的传导路径，然而其影响力的传导却是不可逆的，由此所得到的结论往往并不能帮助我们实现影响力按其研究结果进行传导，那么我们的研究结果也就不再具有实际意义。

因此，我们的六度思维并不是单纯静态地发掘人际网络的构成或者人际交易的联系，而是着眼于影响力的单向传导机制，用以构建出一套能够实现行为人的行为决策通过网络化的社会体系，有序地向指定方向或者特定社会成员的传导，借以影响其行为选择，实现既定的行为目标。

众合悖论中的六度思维

想必每一位朋友都有自己驾车或者乘坐他人汽车行驶于公共道路之上的经

历。我们可以设想一下，当一位驾驶者驾驶一辆豪车行驶于一条宽敞又平坦的高速公路之时，如果道路十分平直、路上的车辆也不多，他总会情不自禁地踩下油门，畅听发动机的轰鸣，让风驰电掣的速度调动起自己的激情。特别是当驾驶者的驾驶技术极为高超时，他更愿意通过一次次的超车让自己体验到超过其他人的优越感。

如果飙车者在体验飙车的时候，能够像影视作品中一些公路竞技赛一样，提前派人封锁这条高速公路，保证不会有其他车辆过来打扰，即在这条宽广的高速公路上只存在飙车者一辆车，他根本不用担心会有其他扰局者驶入，给自己带来驾驶的风险，也就是最大限度地消除了飙车者遭遇车祸的后顾之忧，那么把油门踩到底、充分发挥车辆的性能优势、让自己体会到速度的刺激，显然就成为飙车者自然的选择了。

然而，如果没有政府主管部门的特别批准，这种私下的封路行为是一种严重的违法行为，也不是所有人都有这个能力或者说权力去封闭整条公路的。但是，如果在飙车之前不提前封路，那么无法避免的结果就是马路上必然会跑着众多的其他车辆，这将给飙车者的高速驾驶带来更大的驾驶风险。

当然，如果其他的驾驶者都是非常循规蹈矩的老实驾驶者，他们不会随意变更车道、胡乱超车，更不会因为别人驾驶一辆豪车在公路上超过自己而去开斗气车，希望反超回来，给自己挽回一点面子。那么，超车者的飙车行为将会顺畅很多，也不会遇到太大的驾驶困难。

但是，如果马路上的其他驾驶者中有几个愣头青，他们认为别人超了自己的车，那我岂非太没面子了。因此，当看到有人高速驾车驶近之时，他们往往选择通过连续变道封死飙车者的超车路线，或者在飙车者超车后马上加大油门，企图对他进行反超车。在以较高速度驾驶的时候，飙车者的驾驶反应速度可能根本跟不上路况的变化，那么一旦发生上述道路状况，显然会给驾驶者带来更大的安全隐患。在这样的驾驶环境中，驾驶者应保持适当的速度，避免经常性的超车所带来的纠纷与麻烦，这样才是最明智的选择。

事实上，飙车者与他所希望超越的车辆就好像在六度分隔中直接产生联系的相邻两个层次的行为主体一样，每一个行为人的决策行为都会对与之产生直接联系的其他行为人产生强烈的影响，最终影响到每一个行为人的决策结果。作用对象的不同，会让决策行为人产生完全不同的最优决策选择。

在马路上，并非只存在驾驶者与他正准备超越的车辆，如果存在其他与驾驶者没有产生直接影响的车辆，比如并不在同一或者相邻的行车道驾驶的车辆，它们也会对驾驶者产生明显的影响。比如在驾驶者前方另一条行车道发生了一起小的剐蹭事故，尽管与驾车者并非发生在同一车道，甚至都不在相邻的行车道，而且也不会直接对其他驾驶人员的车辆产生影响。然而，如果事故双方没有及时把车辆挪到不影响交通的地方进行友好协商，而选择维持事故现场的原状等待警察处理，势必会影响到其他车辆的通行。哪怕你的汽车性能再好、你的驾驶技术再高，当其他车辆都在减速慢行、谨慎通过事故现场时，就算你拥有再优秀的驾驶技术，也只能选择与他人一样放慢速度、小心驾驶。

当某一位飙车者在高速公路上一路狂飙时，如果在同一路段出现了另一位疯狂超车的飙车族，他在不停地变换行车道和超越其他车辆，甚至逼迫其他车辆减速让行，那么即使这位扰局的飙车者在远离我们主人公的车道行驶，并不会对该驾驶者施加直接的影响，同样会因为破坏了整条道路的原有交通秩序，而迫使其他驾驶者出于安全的考虑，放弃超车的想法。

从另一个角度来说，在同一条道路上，如果所有的车辆都能严格遵守交通规范、谨慎驾驶，而某一辆汽车选择不遵守游戏规则、疯狂上演超车大戏的时候，他的确可以享受比其他驾驶者更快的行驶速度，更早地到达目的地。当所有的车辆都选择一切可能的机会超车、变道，那么道路的行车秩序将变得一团糟，所有的车辆可能都被横七竖八的其他车辆卡得动弹不得，大家都将欲速而不达，这就是为什么交警会选择通过公共交通信号和交通法规来约束所有行人和驾驶员的交通行为、保证公共交通畅通的原因所在了。

其实，上述道理就是经济学中著名的“众合悖论”，也许对于某一个市场行为主体而言，某一种策略选择是他的最优选择，能够保证他的利益最大化，而当所有人都采取同样的选择后，反而会导致所有决策者的利益受到伤害。也就是说，对个体而言是理性的选择，对于市场整体而言，却不一定同样有效。

在经济学中，关于博弈论有一个非常著名的案例叫作“囚徒困境”。假如警察在街头巡逻时，抓到两个正在进行盗窃活动的小偷。警察发现这两个小偷的作案手法与以前的很多盗窃案件非常相似，于是决定分开审讯这两名犯罪嫌疑人。警察告诉这两个小偷，你们涉及这么多的盗窃案件，案值相当巨大，属于要案；因此，如果一方不承认，而另一方却能坦白交代所有犯罪事实的话，不老实交代的犯罪嫌疑人将被从重处罚，需要坐牢 10 年，而坦白交代者因为有立功表现，因此只需坐牢 2 年。如果双方都不承认除被抓时所犯案件之外的犯罪事实，那么

只能根据这一件犯罪事实，判处两人各5年的刑期。然而，如果双方都老实交代所有犯罪事实，由于案件过于严重，双方都将被判处8年有期徒刑。如果您是这两名犯罪分子之一，您会做何选择？

首先，如果我是这两名犯罪分子之一，我会在心中进行盘算：假如我的伙伴坦白了，而我不交代，我将坐牢10年，而我如果选择坦白则只需坐牢8年。显然，坦白比不坦白更合适。其次，假如我的伙伴没有交代，而我交代了，那么我只需坐牢2年，而不坦白则需要坐牢5年。显然，坦白也比不坦白合适。因此，无论我的伙伴是否坦白，对于任何一名犯罪嫌疑人而言，坦白总是一个最为合适的选择。也就是说，坦白交代对于任何一个决策者而言都是一个最优的选择。

然而，我们会发现，对于这两名犯罪嫌疑人而言，大家一起坦白，将同时被判8年刑；而大家都不交代，则只需坐牢5年。显然，对于双方而言都是最优决策的坦白，并不是一个最合适的选择。

其实，“囚徒困境”就是“众合悖论”，因为我们生活在一个拥有众多社会成员的社会系统之中，我们每一个人的决策都会或多或少地受其他人决策选择的影响，因此我们的决策必须考虑在同一个社会系统中其他决策者的决策行为。也许对于每一个人都是最优的选择，比如一个人违反交通规则、超速行驶显然有助于他及早到达行程的终点，但如果公路上的所有人都选择违反交通规则、随意超速行驶，那么整个交易秩序将变得一团糟，反而出现欲速则不达，大家的行程都可能因此受到影响。

也许在一个整体的市场中，不同的行为人之间并不存在直接的商业联系，比如不存在直接的商业竞争关系，他们就成为本书所说的六度分隔中并不相邻的两个行为主体。尽管他们之间不存在直接的联系，但能通过其他社会主体的传导对彼此施加影响。

同理，科威特、利比亚和厄瓜多尔分别是地处三大洲的三个世界知名的石油生产国，因为从地理位置来看，它们都相隔着远山重洋，不存在疆域上的邻接。另外，尽管它们都盛产石油，但在全球的石油生产体系中，它们又是小小的一环，彼此的主要销售市场各不相同。因此，它们也构成了全球石油供应市场中不相邻接、相互分隔的主体。

可以设想一下，按照我们所熟悉的、经济学中最为基础的供求原理——薄利多销，当科威特政府宣布将出口的原油价格下调10%时，如果其他产油国都不会因此而改变自己的石油出口价格，此时，对于众多的石油进口国而言，它们就会发现，通过购买更便宜的科威特石油来替代自己以往从利比亚或厄瓜多尔购买的石油，就显得更加合算。因此，某石油进口国（比如美国）就会自然而然地削减原本从其他石油生产国采购的石油，而转向科威特采购石油。

当越来越多的国家选择以科威特石油替代自己原本从其他产油国购买的石油时，正是通过这些石油进口国，科威特与其他石油生产国之间进行了间接的联系，进而向其他石油生产国施加了巨大的影响，以至于形成了一个典型的三度分隔的市场系统。在其他石油生产国不调整石油价格的情况下，科威特显然可以实现石油出口迅速增长的战略目标，而其他石油生产国则惨遭石油出口急剧下滑的厄运。

为了消除石油出口下滑对于本国经济的拖累，某一个产油国（比如科威特）的降价促销行为必然引发其他石油生产国的连锁降价效应，也就是其他石油生产国都会选择与之类似的降价策略。

当所有的石油生产国都选择把自己的出口石油价格降低10%时，固然会导致全世界的石油产销量有所增长，但当价格竞争成为市场竞争的主格调时，所有市场主体的利润率都会有所降低，进而导致市场出现群体性的利润下滑。石油出口的少量增加，不仅不能增加这些石油出口国的利润，甚至会给它们带来巨大的亏损。

也就是说，对于单个市场主体而言，降价促销可能是一种明智的竞争策略，但当整个市场都以其为主要的竞争手段时，反而会造成全行业的利润下滑，即降价促销成为一种共输的策略选择。造成这一结果的，恰恰是通过市场供求价值链而连接起来的市场主体之间的影响力。

在中国的互联网经济发展过程中，从网络购物到团购商业模式，再到打车软件的普及，中国网民已经习惯了众多互联网巨头彼此之间对掐、大打价格战的商业模式，互联网烧钱已成为全球消费者对于互联网经济模式的共同认识。

事实上，越来越多的互联网企业已开始认识到，为了吸引消费者的眼球而大把大把地烧去投资人资金的做法也是一种与上述科威特降低油价类似的竞争策略。当其他竞争对手不改变竞争策略时，降价促销的确是一项提升自身销售业绩的有效办法。可是，在通常情况下，在某一个市场中，当一个市场主体选择价格竞争、希望通过降价策略扩大自己的市场销售时，竞争对手的正常反应就是迅速跟进，同样选择降价促销。

当所有的市场参与者都选择降价促销时，降价反而成为一种自杀性竞争策略，它将不断挤压每一个市场主体的利润空间，甚至给它们带来巨额的亏损。当这些互联网企业来自投资者的资金被烧光后，在很多情况下，它们自身的命运也将走向终结。从某种意义上说，也许正是因为过于依赖烧钱而非技术更新，才是导致我们所看到的互联网企业大多会在几年之内寿归正寝、走向终结的最大原因。

顺便提一下，正是因为对于众多石油生产国而言，降价更多地意味着向其他竞争对手发起挑衅、挑起价格竞争，而非扩大自身出口的最优政策，因此早在50多年前，众多石油生产国就选择联合起来，共同协商确定彼此的石油产量与出口价格，力争通过共同控制全球石油供应量，从而将石油价格维持在一个相对较高的水平上。这就是我们通常所说的石油输出国组织，也就是欧佩克，而前面所提到的科威特、利比亚和厄瓜多尔都是欧佩克的成员国。

通过建立像欧佩克这样的一个圈子，帮助原来根本没有直接联系、只能通过石油进口国产生间接联系的三个石油生产国产生了直接的联系，使它们从身处三个层次的分隔空间进入了直接相邻的两度空间，也就强化了彼此之间的影响力。

第三章

自然界中的六度思维

恐怖的埃博拉病毒传染

在漫长的人类发展历史中，病毒与疾病曾无数次对人类的生死存亡造成极大的威胁。中世纪的黑死病在一百多年的时间内，一度杀死了近乎半个欧洲的民众，并严重拖慢了欧洲的经济、社会与文化的发展；十多年前的 SARS 风波更使得整个中国，甚至东亚、东南亚都被笼罩在浓浓的恐惧之中。一时之间，人人自危，很多地区甚至禁止接纳外来流动人口，以防止 SARS 病毒的入侵；艾滋病更成为当今社会很多人心中的梦魇，无数的艾滋病患者或者病毒的携带者都如洪水猛兽般被世人所排斥、孤立。

“魔高一尺，道高一丈”，在漫长的人类社会发展历史中，坚强的人类一次次战胜灾难，不断地向前发展与壮大，推动着人类社会的进步。然而，即使现代医学已在医学、病毒学和病理学方面取得了巨大的发展，同时生物学也细致地揭示了包括细菌在内的微生物成长、传播与消亡的基本规律。但是，时至今日，人类仍然无法彻底治愈全部疾病。即使在当前的社会中，很多已经出现数十年，乃至上百年的疾病仍在发生病毒变异，持续增强其抗药性，对抗着人类的反击，以致人类至今无法掌握这些病毒传播与作用的全部机理，并采取针对性的应对措施，最终人类只能被动地承受这些病菌的巨大伤害。其中，埃博拉病毒就是非常具有代表性的一种病毒。

自2014年中期以来，埃博拉病毒就像一个幽灵一样游荡于世界人民头上。不仅其发源地与传播的主阵地非洲，甚至包括美国、欧洲和中国在内的世界各地的民众都在紧张关注着该病毒的传播，纷纷在机场加强疾病检测和体温检查，希望在面对病毒侵袭时，能够御敌于国境之外。

2014年中期，在美国发现第一起埃博拉病毒感染及死亡病例后，美国总统奥巴马就特别任命了曾经担任过戈尔和拜登两位副总统办公室主任的罗恩·克莱因担任埃博拉特别应对协调员，专门负责协调美国政府各部门应对埃博拉的工作，这表明了奥巴马政府对于埃博拉病毒的重视。

2014年2月，自埃博拉病毒在西非的丛林部落突然爆发以来，仅仅半年多的时间，埃博拉病毒已经远渡重洋，从最早的西非三国——几内亚、塞拉利昂和利比里亚逐渐传染到非洲的尼日利亚、塞内加尔以及欧洲的西班牙和更为遥远的美国。截至当年10月，埃博拉病毒已造成9 191人感染，其中4 546人死亡，其接近50%的死亡率令世人不寒而栗。

几内亚、塞拉利昂和利比里亚已成为最早倒在埃博拉病毒面前的牺牲者。仅2014年9月，在这三个国家，每周就有大约1 000人确诊或者疑似感染埃博拉病毒，其死亡率甚至达到70%。2014年10月16日，塞拉利昂政府宣布该国北部的科伊纳杜古区也确诊两例埃博拉病毒，这意味着该国的13个区已经无一幸免，全都发现了埃博拉病毒患者的身影。在当时确诊的3 000个病例中，已有1 200人死亡。

埃博拉病毒在西非甚至世界的传播，已在很多发现埃博拉病例的国家与地区造成了严重的恐慌，导致越来越多的人希望逃离被病毒侵袭的家乡，但这种恐慌反而进一步造成了埃博拉病毒更大规模的扩散。事实上，严重的疫情已经完全摧毁了西非三国的经济，导致大批的企业停工、民众不敢前往公共场所、家庭流离失所。仅仅半年的时间，这三个国家的直接经济损失已超过130亿美元，而包括人员死亡在内的其他损失，更是不计其数。

为了防止病毒的传播，西非各国大多采取隔离确诊或者疑似埃博拉病毒感染者的做法，希望把埃博拉病毒控制在小范围内。然而，由于民众对于埃博拉病毒的恐惧，即使医护人员也不敢接近患者，更不用说对患者采取必要的治疗措施，再加上食品与药品的缺乏，最终导致很多埃博拉病毒的感染者即使没有被病毒打倒，也面临着饿死的危险。隔离就意味着等死的现状，反而刺激更多的病人选择逃离隔离场所，由此导致埃博拉病毒进一步扩散，最终造成更大的灾难。

如果埃博拉病毒无法得到有效控制，其强烈的传染性必然导致其影响范围进一步扩大，如果形势进一步恶化，据世界卫生组织专家预测，到 2014 年 12 月，在埃博拉病毒的重灾区，仅每周新增病例的数量就可能达到 5 000 例，甚至可能达到 10 000 例。

目前，埃博拉病毒尚未侵入中国，但中国早已严阵以待，并制定了全套的应急方案，准备随时应对可能出现的埃博拉病毒的入境。早在 2014 年 7 月，国家质检总局、外交部、卫生计生委和国家旅游局就联合发布了防止埃博拉病毒入境的相关工作公告。此后，在短短的一个月内，中国连续制定多项文件，明确了在进入境口岸检测、检查、隔离、诊治埃博拉患者方面的全套工作方案。

与此同时，中国还向受埃博拉威胁的众多非洲国家提供了多轮紧急援助。2014 年 10 月 24 日，中国国家主席习近平在会见坦桑尼亚总统基奎特时，再次公开宣布：将向利比里亚、塞拉利昂和几内亚三国及有关国际组织提供价值 5 亿元人民币的急需物资和现汇支持。这是埃博拉疫情爆发以来，中国政府对疫区的第四轮紧急援助。

可是，埃博拉病毒到底是什么样的病毒？它又是如何在人与人之间进行传播与扩散的？它与六度思维又有什么样的联系？

埃博拉病毒的传播原理

可能很多朋友把这次来势汹汹的埃博拉病毒当作一种人类从没见过、更无法清楚认识的新型病毒，但实际上，埃博拉病毒的年龄比我们很多读者都要大。最早关于埃博拉病毒感染人类的记载发生于 1976 年，在非洲的苏丹和扎伊尔边境的埃博拉河地区的热带丛林中，人们第一次发现了如此致命、如此危险的病毒存在。它的第一次亮相就在很短的时间内席卷了两国的数十个村庄，并最终夺去了近700条生命。至此，以这种病毒的发现地命名的埃博拉病毒开始闻名于天下。

埃博拉病毒究竟是如何产生的？这个问题至今也没有一个科学的结论，但是传言，它与另一种致命病毒——艾滋病一样，都是源自猴子。据推测，埃博拉病毒应该是从猴子、猩猩等非人类灵长类动物中产生，并逐渐感染到人类。此外，经过多年的传播与扩散，埃博拉病毒也在不断变异。根据其变种的发生地，我们可以把当前已发现的埃博拉病毒主要划分为苏丹变种、扎伊尔变种和科特迪瓦变种三种病毒新变种。其中，最危险的扎伊尔变种的死亡率居然达到90%，堪称恐怖。

自埃博拉病毒第一次被人类发现，它就再也没有从人类的视线中消失。在非洲大陆，几乎每隔几年就会爆发一次埃博拉疫情，而每一次的情节都像是同一个拙劣的编剧所捏造出的雷同的肥皂剧剧情。每次总有一位边远乡村的居民可能在丛林中无意接触到带有埃博拉病毒的动物或人类的尸体、粪便，或者其他分泌物之后，出现发烧、腹泻、呕吐、体外出血等症状，随后被紧急送到医院，而缺乏警惕的医护人员在没有完备的防护装置的情况下，对病人采取一些常规的救治措施后，发现根本无能为力，只能眼睁睁看着病人在痛苦中死去。然而，这并不是事故的最终结局，通常过不了多久，死者生前接触过的人，包括其家人、亲友，特别是医院的普通医护人员，甚至包括在死者葬礼上接触过病人尸体的人们，都会很快出现与死者完全类似的症状，并同样无助地死去。

从目前的研究看，埃博拉病毒在人们之间传播时，主要是通过体液传播。埃博拉病毒在进入人体后，将在很短的时间之内对除了骨骼和骨骼肌之外的所有人体器官发起攻击。当病毒入侵到人类的血细胞后，血细胞就将在很短的时间之内大量死亡，并凝结成血块堵塞人的血管、切断人体的血液供应。此后，病毒又将对各种器官上的胶原蛋白发起攻击，导致器官出现孔洞并逐渐液化，此时皮肤和肌肉的表面隔膜开始炸裂，已经毁坏了的器官开始从皮肤的孔洞中不断涌出脓血。至此，病人的生命也基本终结。这样的死亡过程与我们很多朋友喜欢观看的恐怖电影中人类遭遇生物武器攻击，结果中毒悲惨死去的镜头很相似，只不过这一次并不是我们所幻想出来的电影情节，而是真实存在的死亡事件。

在埃博拉病人死亡的过程中，病人呕吐、腹泻、出血所带出的各种体液中都包含大量的病毒，当身边的人通过破损的皮肤或黏膜与病人身上的体液发生直接接触之后，就有极大的感染上埃博拉病毒的风险。

最可怕的是，埃博拉病毒居然还拥有我们无法想象的、极为顽强的生命力，沾满了病人体液的床单、衣服在非洲干燥的气候下，几个小时后还有极强的传染性，如果埃博拉病毒留在死尸或者液体中，其在5周后仍可以感染接触者。即使病人已经痊愈，但是在7周内，男性病人的精液中仍然会含有该病毒，并能通过性交将其传染给自己的性伴侣。

在紧邻美国首都华盛顿的弗吉尼亚州瑞斯通陆军实验室曾发生一起令世人震惊的实验结果。一些医学专家在这个实验室中研究埃博拉病毒时，居然发现病毒在猴子中可以通过呼吸道传播，在很短时间内，实验室中的猴子都因为生存在共同的空气之中而全部死亡。该实验室的很多专家一度担忧自己也因为和猴子呼吸共同的空气而通过飞沫被感染上致命的埃博拉病毒。事实上，这次实验却发现了一种新的埃博拉病毒——瑞斯通变异，这种新型的埃博拉变异病毒对猴子等非人类灵长类动物有着极强的致死作用，但对人类却不致命，因此很难将其与另外三种埃博拉变异病毒相提并论。然而，其病毒的构造却与致死率最高的扎伊尔变种埃博拉病毒极为相似，目前仍没有一种实验方法可以准确区分出这两个变种。这也许是埃博拉病毒在向人类发出最后的警告，一旦对人类具有致死作用的埃博拉病毒具备了空气传播能力，那么也许将把人类引向灭亡。这听起来有点危言耸听，但科学家并不否认埃博拉病毒存在这样的变异可能性。当然，值得庆幸的是，目前对人类具有致死作用的三种埃博拉病毒的变异中，仍没有发现通过空气传播的案例，体液传染仍是当前埃博拉病毒传播的最主要途径。

比较具有希区柯克戏剧效果的是，拥有如此超强传染性的埃博拉病毒之所以到今天仍没有完全摧毁人类，其根本原因既不是现代医学的进步研制了有效治疗埃博拉病毒的特效方法，也不是人类社会群策群力、有效防范住了埃博拉病毒的传播，其真正的原因是埃博拉病毒对人体组织具有超强的破坏力。与另一种知名的致命病毒艾滋病病毒不同，艾滋病病毒可以在人体内悄悄潜伏，慢慢破坏人体机能，并通过较长的周期才把病人带向死亡。然而，人一旦传染上埃博拉病毒，就像火山爆发一样，在很短时间内就会表现出很多剧烈的反应，比如呕吐、发烧、腹泻、出血等，一方面，这些症状提醒病人家属尽快隔离病人、控制病毒的传染；另一方面，染病后病人的行动能力受到极大的影响，没有能力继续远行，只能卧病在床，这反而极大地制约了病毒的进一步传播。特别地，包括2014年这次突如其来的埃博拉疫情，大多数疫情最早都是发生在人口稀少的丛林、乡村等偏远地区，人丁稀少减缓了病毒的传播，这也在一定限度上控制了埃博拉病毒的进一步扩散。

作为一种具有极强传染性和致死能力的恶性病毒，埃博拉病毒的传播其实与本书所介绍的六度分隔具有非常多的相似之处。2014 年，突然爆发的埃博拉疫情已造成数千人死亡，给整个世界带来了极大的恐慌，更令世人回想起，在埃博拉病毒被人类发现后的 30 多年，其给人类造成的巨大人身伤亡事件。

马波罗·洛克拉作为非洲小国扎伊尔的一名普通教师，也许他生前永远也想不到，自己居然是以第一个被感染并且死于埃博拉病毒的患者身份，而被永久记入了历史的档案。如果从直接的联系上看，洛克拉死于 1976 年，他去世的时候，也许在本次疫情中死亡的大部分受害者都还没有出生，更谈不上在某一个历史瞬间与倒霉的洛克拉先生发生交集。也许看上去，洛克拉先生与本次疫情中感染埃博拉病毒的众多受害者的人生就像一条条平行线，似乎永远也不会有相交的时候，更不可能发生任何的直接联系。

然而，正如我们想象的那样，作为第一名被记载感染埃博拉病毒的患者，洛克拉先生已成为埃博拉病毒传染链条上的第一个环节，也许我们不会知道，这条充斥疾病和死亡的黑色传染链的尽头在哪里，也不知道谁将成为这条黑色传染链的最后一名牺牲者。然而，我们能够确定的是，洛克拉先生就是埃博拉病毒传播的源头，此后所有感染上埃博拉病毒的受害者所感染病毒的最终来源也只能是洛克拉先生。

在洛克拉先生的病毒传播链条中，第二环应该是被洛克拉直接传染上埃博拉病毒的一些不幸者，他们可能是洛克拉的亲友，可能是在洛克拉住院期间照顾他的医护人员，也可能是举行葬礼的宗教人士，由于他们直接接触到从洛克拉先生的身上分泌出来的一些带来埃博拉病毒的体液，自己也不幸成为埃博拉病毒的牺牲品，其中应该有相当比例感染上埃博拉病毒的不幸者因此走向了死亡。

此后，每一位感染上埃博拉病毒的患者都将成为新的病毒载体和传染源，进而威胁到所有患者身边的人。埃博拉病毒的超强传染性，更是导致了该病毒在人群中的连续传播，最终使得这条源于洛克拉先生的传染链条处于不断延伸之中。

尽管在这条病毒传染的链条上，只有相邻两环的患者才有可能发生直接的联系，然而病毒却是沿着每一个患者的人际关系链持续向前扩散。也就是说，病毒仍是从源头，通过不同的中间环节，也就是依次感染上病毒的众多患者，呈现一种单向的延伸。无论某一位患者究竟是被身边的哪一位之前已经感染上埃博拉病毒的患者所传染，但追溯病毒的起源，我们就会发现，看上去每一名病人都有一条独一无二的病毒传播路径，但无数名患者的病毒传播路径最终汇集在一个点上。

这就好像从某一个水源地涌出一股清泉，在一路流淌的过程中，可能会分为多条支流，在河流沿岸也会有众多的居民取水用于生产生活。我们根本不用考虑最终这水到底是取自哪条支流，也不用考虑这水是用来饮用，抑或是冲洗车辆，所有的水追溯到源头，最终指向同一个水源。饮水思源，我们在享用珍贵的水资源时，就应该关注水的来源，关注对于水源地的保护。实际上，在现实生活中，我们更多地关注水到底应该怎么用、应该用在何处，而不是它来自何处，这才导致国内的水污染愈演愈烈，也许这恰恰是缺乏六度思维的最终结果。

从另一个角度来看，正如前面所强调的那样，六度思维更强调通过网络状的系统构成，实现影响力沿着社会网络或者自然生物链所进行的传导，它主要关注影响力度的变化与传递。埃博拉病毒的人际传播恰好验证了这个思想。

从这个方面来说，病毒会沿着每一名患者生前所接触的生活圈子向他人传播，而其他人接触到这些病人之后，只可能有两种结果：①受到影响，也就是感染上病毒；②没有受影响，即没有感染上病毒。对于很多医护人员或者科学家来说，他们似乎更加关注接触病人的人感染上病毒的概率，把它视为反映病毒传播能力的科学指标。

其实，对于很多患者的亲属或者接触过患者的医护人员来说，他们其实并不关心该病毒的传染性有多强，当他们接触到患者或者已感染上埃博拉病毒的患者的衣物、体液之后，到底是有80%的概率感染上病毒，还是有10%的概率感染上病毒，对于他们来说都无所谓。即使只有1%的概率感染上病毒，但当他们感染后，对于他们来说，这就是100%；相反，即使有99%的概率感染上该病毒，但某一个幸运儿成了那个1%时，对他来说，就是没有影响、没有变化的零风险。

正是因为所有人都担心被感染，却根本不考虑这种现象发生的概率，才导致每当有埃博拉病毒患者被发现时，他们身边人的第一选择不是在第一时间送他们去医院接受系统全面的医治，而是出于自保的考虑，把病人关在其他人接触不到的小房里，将病人与外部世界隔绝开，以确保包括自己在内的病人周边人的安全。

事实上，每一次恶性传染疾病的爆发，无论是中世纪的黑死病、鼠疫，或者是早些年的麻风病、SARS，抑或仍为不治之症的艾滋病，每一名感染上这些传染性疾病的不幸者都会发现，自己遭受的不是期待中的关心和呵护，而是歧视、隔离，甚至是强制死亡。这反而导致更多的人在感染上这些疾病的初期，选择隐瞒患病的事实，希望能够得到家人的平常对待，甚至细心呵护，其结果反而导致疾病的传播无法控制。

生物链中的六度思维

六度分隔并不是单纯的人类社会网络动力学对于人际关系网络的扩张与传导的研究，它强调隐藏在一些看上去根本不搭界、似乎毫无关系的事物之间的内在联系，以及影响力在众多研究主体之间的传导途径、影响力的传导与衰减。病毒传播是六度思维在自然界中最为直观的反映，除此之外，我们通常所说的食物链或者生物链，其实也是这种六度分隔的直接体现。

我们经常说："大鱼吃小鱼，小鱼吃虾米，虾米吃泥巴。"这其实就是一条最为简单的食物链。在食物链的高端往往是一些肉食性动物，比如上例中以其他小鱼为食物的肉食性鱼类，诸如我们熟悉的黑鱼、鳜鱼、鲨鱼等，而其他以浮游生物或者水草等植物为食的草鱼，它们是众多肉食性鱼类的食物，因而处于食品链下端，但仍有虾米等生物处在它们的食物链下端，而虾米也不是食物链的最下端，由水中的原生动物、藻类或者其他植物碎片所构成的看似水中淤泥的东西，却是这些不起眼的小动物的食品。

正是通过这一系列的吃与被吃，吃人者，人恒吃之，这就形成了一条食物链，甚至生物链。通过一种线性的食物营养关系，就可以把世界上所有我们所认识或者不认识的动物都填入一张由所有生物所组成的生态物质系统之中。通过食用关系，可以实现能量和营养在不同生物种类及种群之中的传递。

当然，以其他动植物为食品，却不会成为其他动植物盘中之餐的人类，正好处于当前我们所认识到的食物链的最高端。我们可以食用动物类的鸡、鱼、牛，也可以食用植物类的蔬菜、水果。特别是在美食领域全球著称的中国人，更是可以选用我们在自然界见到的各种动植物作为食材。我们常说南方一些省市的人，带翅膀的不吃飞机，四条腿的不吃板凳，其他各种生物，哪怕是一些一般人平时看了都害怕的害虫，都可以吃得津津有味。既然只有你能吃别的东西，可别的东西根本没有办法吃你，那么显然人对这些食材的选择特别广泛，当然应该独处食物链的最高端了。从某种意义上说，我们经常说吃各种乱七八糟东西的朋友，因为吃了太多的肉，也就吸收了太多的胆固醇，对于人体健康的确是有百害而无一利的，以致他们更容易受到看上去应处于生物链最低端的细菌、病毒的侵袭，这也使得这种生物之间的循环形成了一个从低到高、从高又回到低的闭环。另外，吃得太杂，从某种意义上说，表明你在整条生物链中处于一个相对较高的地位，至少比那些素食主义者在生物链中处于更高的地位。

在人类之下的各类哺乳类动物，它们可以在自然界中找到属于自己的食品类型，而且几乎所有的食肉类动物都拥有天敌，哪怕是号称百兽之王的老虎，在虎落平阳的时候，照样会被众犬欺负，更不用说战斗力与之大致相当的狮子、豹子，或者喜欢集体觅食、擅长集团作战的野狼，恐怕哪个都不是老虎可以轻松应对的对手。中国传统文化中所说的生生相克也许说的就是这个道理，一物降一物，这恰好是大自然对于生物平衡最为巧妙的设计。

由于老虎不会只吃兔子，它同时也会吃山羊、斑马、野牛、野狼等所有它能够捕获的动物，这也使得从食物链的吃与被吃的角度考虑，老虎会辐射状地对于多种其他生物施加影响，而非一对一、单对单的单线联系。

更为复杂的是，有时，一些动物会互为对手。例如，一对一单挑时，老虎吃掉野狼也许不在话下，可是当一只老虎遇上一群野狼时，如果跑得不快，老虎可能就得落入狼口成为美食了。再如，很多人都知道，蛇是以老鼠为食的，但到了冬天，作为冷血动物的蛇将进入冬眠，此时如果再遇上掘地的老鼠，蛇就只有被老鼠吃掉这一条路可选了，因此才有中国民间所说的“夏季蛇吃老鼠，冬天老鼠吃蛇”一说。

当出现这种互为对手的情况时，那么大自然中的食物链就不再是我们所想象的“我吃你，你吃他”这样的吃与被吃的单向关系，而是“我可以吃你，你也可以吃我”这样的双向联系。这使得大自然的食物链绝不像我们设想的六度空间那样，从一个行为主体单向地沿着一个链条向其他行为主体施加影响，而是更为复杂的回归式的双向联系。大自然中的食物链绝不是我们想象的与自行车车链一样的条形单链式结构，而是一种蜂巢式的网状结构。构成这种食物链的固然是吃与被吃这样简单的联系，然而，即使是同一个生物，在其链条前端与后端所处的动物类型与结构也是相当的复杂，这才是大自然的神奇巧妙之处。

在自然界中，人类、肉食性哺乳动物、草食性哺乳动物、冷血动物、昆虫、植物、微生物构成了一个金字塔式的食物链，但在这条食物链中，并非只有相邻的两个主体才会直接发生联系，就好像人类可以食用在他们之下的所有生物类型，而微生物同样也可以人类的尸体为食，这样的食物链就不再是大家想象的那样单向式，而呈现出明显的错位联系和交叉联系的双向互动式网络体系。

在整个食物链中，每一种生物类型其实都会与其他生物，甚至与自己同一部门、同一品种的生物体产生各种联系。任何一种生物的超常发展，无论是增长过快，还是灭亡过快，都可能打破原有的生物链平衡，导致生物链呈现出一种畸形的异样变化，甚至最终毁灭整个生物链中的所有生物体。

我们都听说过“一山不容二虎”，一个山林其实就是一个微缩的生物体系。当山中只存在一只老虎的时候，其他生物的存在可以满足老虎的觅食需要，而老虎也不至于吃光整座山中的小动物，这就可以保持整个生物系统的平衡了。可是，如果从山外又跑来一只老虎，那么老虎食用的各种小动物的数量将凭空增长一倍，可是山中其他生物的规模是基本稳定的，当老虎觅食导致山中各种小动物迅速消失之后，老虎会发现觅食越来越困难，用不了多久，老虎就会陷入无食可觅的艰难境地。在这种情况下，互为竞争对手的两只老虎只能为争取领土的垄断权而展开一场激烈的战斗，胜者将独享山林中的各种小动物，而败者只能灰溜溜地离开这边山林。

所谓的“一山不容二虎”，其实只是说当环境对于老虎的承载能力只有一只的时候，过多的老虎反而会破坏原有的生物族群、打破自然界的物种平衡，如果不能至少驱走一只老虎的话，也许要不了多久，整个山林中的小动物都会被吃光，两只老虎只能悲伤地离开这片死寂的丛林。

同样的例子发生在澳大利亚，温柔可爱的兔子是很多小朋友最喜欢的小动物，它们看上去柔嫩可爱，不会对人或者其他小动物形成任何威胁。然而，当18世纪和19世纪一些欧洲移民到达澳洲大陆后，他们也给这片陌生的土地带去了很多欧洲特有的动物，其中就包括兔子。

在澳洲根本没有像狼、老虎这样的兔子天敌，有的只有一望无垠的草原，这恰恰是兔子最喜爱的食物，因此堪称兔子们梦想中的天堂。然而，正是由于没有天敌，兔子们得以在澳洲迅速繁殖起来，而且兔子的繁殖能力极强。没过多久，整个澳洲到处都充斥着成群结队的兔子，它们像一群蝗虫一样，很快吃光了一片又一片的草地，反而压缩了农民放牧以及饲养牛、羊的生存空间，制约了澳大利亚畜牧业的发展。即使澳洲政府通过各种奖励措施鼓励民众拿起猎枪去捕猎兔子，但消灭的兔子数量远远赶不上每年新繁殖的兔子数量，兔子还是在澳大利亚造成了一场巨大的生态灾难。

可能很多小朋友都能够想得出澳大利亚政府是如何控制兔子规模的。其实办法很简单，就是从欧洲又引入了一群狼。这些狼可不像小朋友天天看的动画片里的灰太狼那样，在抓兔子方面显得那么地手足无措。它们很快就发现，整个草原上都是成群结对队的兔子，对它们而言，捉兔子吃是一项根本没有难度、毫无挑战性的轻松工作。于是，狼也在澳大利亚很快繁殖起来，直到狼和兔子形成一种数量平衡。

这样，狼、兔子、草原、牛羊、牧民其实就构成了一个简单的生物系统。在这个生物系统中，任何一个环节出了问题，如某一样东西过多或者过少，都会改变原有生物系统的平衡，进而对其他生物的生长环境产生影响。问题是，对于兔子来说，与它产生直接关系的只有狼和草；事实上，与兔子一起吃草的牛、羊以及放牧牛、羊的牧民，也会与兔子形成间接联系和间接影响。

大家都知道，与中国相比，欧美等发达国家在保护动物的法律体系建设方面已经做得非常完善了，整个社会都非常关注野生动物的保护。然而，可能很多人会很奇怪，明明那些欧美人非常爱护野生动物，但猎熊、猎鹿却是很多富豪们之间非常流行的消遣活动。我们看到，美国总统在度假时，有时会约上一些朋友去丛林中猎熊。这是不是有些太残忍了呢？

很多朋友不知道的是，在欧美，由于长期的动物保护，野鹿和黑熊已经泛滥成灾，经常会有野鹿和黑熊大摇大摆地跑上高速公路、阻塞交通的新闻，至于大黑熊跑到一些居民家中找吃的，也不是什么稀奇的新闻事件。如果再让它们无限制地增长下去，只会超过环境所能承载的极限，完全打破自然的平衡，并剥夺其他动物的生存权利，导致美国的动物结构进一步失衡，反而影响这些国家生物体系的可持续发展。

美国政府通过公开的法律、法规，以有偿的方式向一些有钱的大富翁发放捕猎野鹿和黑熊的牌照，授权他们可以合法地捕猎这些动物。其实际意义就是人为地减少它们的规模，控制它们的结构平衡。如果政府部门发现这些动物的数量过多、给自然承载力造成了过大的压力，它们就可以多发放几张捕猎野鹿和黑熊的执照；相反，如果这些动物的数量没有过多增长，就可以人为减少捕猎它们的执照，减少对于这些动物的猎杀。这样就可以保证我们所生活的自然系统的平衡发展了。

在很多时候，我们看到亚洲鲤鱼在美国泛滥成灾，大闸蟹在德国只能捕杀了作为肥料，就不禁大呼可惜。事实上，在中国，鲤鱼和螃蟹都是价格不菲的美味，因此在大规模的捕杀下，它们的数量日益减少，更导致它们的价格水涨船高。在欧美国家，本地居民根本不食用这些中国人眼中的美食，他们所奉行的动物保护政策，更使得这些动物得到了在中国不可能获得的安全生长环境，最终的结果只能是泛滥成灾。听到这些新闻之后，想必很多中国人的第一反应都是，他们不吃我们吃！只要多允许一些中国人移民过去，让他们享受梦寐以求的鲤鱼大餐和螃蟹宴，保证要不了多久，这些当地人无计可施的生物就将在中国人的餐桌上不断被消灭，进而使当地的生态环境重归平衡。事实上，上述玩笑恰恰反映了作为食物链中相邻两环的鲤鱼或螃蟹与人类之间的平衡发展关系。如果我们能够把握六度思维，能够看透在整个生物系统中各种生物之间的相互影响、相互作用关系，那么我们所生存的地球将变得更加适宜生存。

蝴蝶效应与六度思维

可能很多朋友都听说过蝴蝶效应的说法，号称在南美的亚马逊河热带雨林里的一只蝴蝶偶尔扇动了几下自己的翅膀，就有可能引起身边气流的细微变化，进而对周边的空气系统以及其他因素产生影响，引起一连串的连锁反应，最终的结果却可能在遥远的美国得克萨斯州引起一场龙卷风。

也许在很多人听来，蝴蝶效应更像一个神话故事，且不说蝴蝶扇动翅膀对于空气气流的影响似乎可以忽略不计，仅从空间位置上说，亚马逊河到得克萨斯州的距离何止几千公里，就是有再大的影响力，通过这几千公里的传播，也会衰减到接近于零了。

事实上，蝴蝶效应却是现代系统动力学的一个重要研究基础，它揭示了在一个复杂的动力系统中，在初始条件下，哪怕像蝴蝶扇动翅膀这样细微的变化，都有可能给整个系统带来一连串最终导致整个系统毁灭的破坏性影响。如果套用中国人耳熟能详的句子，那就是“千里之堤，溃于蚁穴”。哪怕只是一个不起眼的小小蚁穴，如果不加注意、不加防范，最后也能导致像溃堤这样的灾难性结果。

其实，蝴蝶效应的提出完全是一个戏剧化的故事。1963 年，美国麻省理工学院的气象学家罗伯特·劳伦茨，试图利用计算机仿真求解大气的 13 个方程式，以求尽量准确地提高天气预报的准确性。在一次统计过程中，对于一个初始数据，为了计算的简便，他先是对小数点第四位以后的数字做了四舍五入，取 0.506 的数值计算出了一个统计结果。

出于对实验结果的检验，劳伦茨又把该数据精确到了 0.506 127，而后再运用计算机系统重新计算了一次实验数据。当他泡好一杯咖啡、优哉游哉地回到计算机前时，却发现数据只是精确了一点点，看上去应该不会对实验结果产生大的影响，但在实验上，两次实验的结果几乎完全不同，两者之间甚至出现了颠覆性的差异。

难道是计算机运算系统出了问题或者是自己所构建的处理数据的方程式存在错误？细心的劳伦茨并没有忽略这两次实验结果的差异，而是进一步深入研究导致这两种差异的原因。最后，他得出结论：尽管这两次实验的数据误差极小，但在一个复杂的动力系统中，每一个误差都会呈现出指数增长，每一个微小的误差都会不断地推移、不断地放大，最终导致一个巨大的后果。

在气候学的大气运动研究中，影响气流的因素也许很小，看上去几乎可以忽略不计，然而众多不起眼的误差叠加，必然会增加系统运行的不确定性或者说风险，最终产生一种非线性的变化，导致研究结果的巨大差异。由此，劳伦茨得出结论：在天气预报中，由于存在非线性的变化规律，造成气象结果的非周期性和不确定性，最终导致气候并不能像普通的在实验室中进行的物理实验或化学实验那样可以一次次地精确重演和模拟，这也增大了天气预报的难度。从长期来看，能够完全准确地预测天气情况也就成为了一项不可能完成的任务，这就是混沌。中国传统哲学思想中所说的混沌，其实就是一种混乱、没有秩序的状态。

为了形象地揭示混沌这种非线性动力系统运行的复杂性，此后，他在一篇论文中举了上述南美亚马逊河热带雨林里的一只蝴蝶扇动翅膀，就有可能造成美国得克萨斯州的一场龙卷风这个著名的例子。这一思想被大家广泛接受之后，也就形成了我们所熟悉的蝴蝶效应。

当然，对于不掌握高深物理知识和数学运算能力的各位读者而言，如何通过复杂的数学统计方式，推导出蝴蝶效应的作用机理并不是我们所关注的重点，我们更应该看清隐藏在蝴蝶效应这个看似平常的名词背后的六度思维。

蝴蝶效应的出现，依赖于一个非线性运行的复杂动力系统。事实上，无论是地球的运行，或者人类社会的运行，乃至大家所关心的金融市场的运行，几乎都是这种类型的非线性复杂系统。对于科学家而言，他们在研究一个系统网络的运行规律时，当然希望能够通过数学逻辑推导出一个具有规律性的线性变化趋势。然而，在现实之中，无论是自然、社会的运行，或者是市场的运行，其影响因素都是多种多样的，而且不同的影响因素并非独立地发生作用，它们是在一个复杂系统中相互作用，其影响力可能会相互叠加，也可能相互抵消，从而产生更为复杂的不确定结果，简单的线性模型根本无法解释如此复杂的运行前提。只要初始条件发生了细微的变化，那么在多种复杂因素的耦合作用机制下，就会使复杂系统产生混沌变化，最终使得整个系统呈现出很多无法准确预期的复杂变化。

正是因为蝴蝶效应的存在，所以我们更需要关注研究基础的细微变化。我们经常说“差之毫厘，谬以千里”，也许我们在起步的方向上出现了一丝变化，当我们出发之后，随着我们行走距离的不断加大，这种方向的偏差也会不断地放大，导致我们距离真正目标的偏差也将持续扩大。这才是我们这里所说的蝴蝶效应的真实意义。

从核心思想上说，蝴蝶效应提示我们必须注重一些细微之处。所谓的一叶知秋，别人从你的细节就完全可以推导出你的性格和能力，这就是细节决定成败。也许在很多大学生看来，不注重个人仪表、不重视个人卫生只是生活习惯中的一些懒散。但是，如果一个人始终坚持这样的生活态度，也必将把它带入工作、学习之中。俗话说：“一屋不扫，何以扫天下？”当你都没有能力处理好自己的生活，那么别人怎么会放心让你去处理更为复杂的工作？

“勿以恶小而为之，勿以善小而不为。”在欧美国家，有一套完整的信用评价体系，如果一个人在大学期间考试作弊或者乘坐公共汽车逃票被抓，都将被永久记入信用评价体系。当他需要找工作时，无论他的能力有多强、关系有多硬，都不会有公司愿意聘用他。原因很简单，从逻辑上说，在欧美这样讲究制度约束的社会之中，你能够在一些小的事情上不遵守规则，那么你在进入公司之后，完全有可能会在你的工作之中也不遵守规则，为自己谋求私利。至少，拥有不良信用纪录的人发生这种行为的概率会远高于其他行为人，而这些违规的行为往往会给企业造成无法估量的损失。为了避免损失，不聘用这些有前科，至少是存在信用高风险概率的人自然就成为众多企业的正常选择了。

正是由于在一个复杂系统之中，存在着太多的可能对整个运行系统产生影响的因素，因此人们几乎不可能完全准确地预测这种复杂系统的运行规律。比如说天气预报，我们知道依赖于气象学的长期发展，我们已能够较为准确地预测天气的变化，但我们听天气预报的时候，从来没有说明天肯定是什么样的天气，而一般是说降雨概率为60%、晴天概率为40%等。也就是说，我们预报的只是一个最有可能出现的结果及它出现的概率，而不是一个百分之百准确的结论。

在金融市场中也存在同样的道理。我们知道，无数的专业人士都在运用各种不同的方式希望研究出金融市场的价格变动规律。此外，像巴菲特、索罗斯等投资大师已掌握了较为先进的分析策略与分析方法，可以相对准确地把握市场的动向，并利用市场价格的变动获取收益。然而，我们也知道，哪怕是巴菲特这样优秀的投资大师也不会百分之百投资成功，他们独有的分析方法能够得到相对准确的结果，但由于金融市场的影响因素实在太多，只要他们的预测比市场中其他行为人的准确率高，他就一定可以比其他人获得更多的收益。但是，在某一次投资中，哪怕是像巴菲特这样的投资大师也会有看走眼和投资亏损的时刻。

有时，我们在网上看到有人吹嘘能够百分之百把握金融资产的价格变动趋势。实际上，正是由于蝴蝶效应的存在，金融市场的价格变动同样会受到太多因素的影响，因此表现出太多的不可预测性。相信大家也能明白，如果真的有这样准确的投资策略，他自己就可以通过低买高卖获得收益，根本没有必要与其他人分享这样的投资秘诀，让他人也来分一杯羹。如果不能保持投资秘诀，当越来越多的人掌握这种价格变动趋势时，垄断投资秘诀的人的收益必将大受影响，因此他更没有动力与他人分享自己的投资秘诀。由此可知，这样的广告基本都可以被纳入骗局的范畴。这是六度思维告诉我们的一个基本常识。

正是由于蝴蝶效应的存在，在自然界也好、人类社会也罢，很多微小的因素都会在一个复杂的动力系统内，通过各种作用机制，与其他因素共同发生作用，从而导致整个系统的复杂变化，也造成了系统运行的不可预知性，然而，这恰恰是现代科学进一步研究、运用系统动力学知识，不断改进研究方法、提升研究准确性的动力所在。当然，指导这一切发挥作用的仍是我们所说的六度思维。

第四章
六度分隔的社会基础

六度分隔中的人际关系

简单说来，六度分隔只是研究整个人类社会中，人与人之间的各种直接与间接的联系。也许从单个人的生活历程来看，一个人可能会与某一个特定人的生活圈子没有任何交集，两个人看上去毫无联系可言。然而，如果通过人与人之间各种社交关系网络的传导，则地球上任何两个人之间都可以形成某种抽象的、间接的联系。

然而，人与人之间的直接联系往往建立在两个人拥有相同或相近的血缘联系、生存区域、生活空间或者经历，从而通过血缘、亲缘、地缘、学缘等因素，形成直接相交的生活圈子。在这样的社会体系之中，每一个人都好像一堆火焰，成为一个能量源，可以向周边释放热量，而在人类社会中的这种热量传导，其实就是人与人之间的影响力。

也许一堆火焰并不能直接给水加热，但通过把水放入一把水壶，再以水壶作为热的传导体，那么火焰就可以轻松对水施加影响，把水烧开，甚至烧干。在这一过程中，也许一般人只会看到水火不相容，从而把水与火完全地隔绝开来，他们却不曾想到：尽管不可能直接让水与火友好同处，但只需在两者之间简单地置放一把水壶作为中介，那么来自火焰的能量仍可以被水吸收。

如果要评价一堆火焰的能量，那么我们可以根据这堆火焰能够给多大的水壶加热，以及能够把水壶里的水烧到多少摄氏度来判断。其实，上述的这种影响力就是能量源的影响范围与影响力度。通常说来，如果这堆火焰的影响范围越大，对于其他主体的影响力度越大，那么我们就可以把它视为拥有更多的能量，诸如具有无限毁灭能力的熊熊大火，而非几乎无法让人感知其温暖和存在的星星之火。

与火焰相似，如果要评价一个人的能量，我们也可以通过其人际关系的广度和对其人际关系网络内其他行为主体的影响力大小来评价个人的社会影响和社会作用。事实上，拥有一个广阔的人际关系网络是一个高能量行为人的基本要求。

事实上，六度分隔中影响力的人际传导恰恰就是利用现代社会中人与人的社会联系以及由此产生的社会关系网络。我们可以设想，假如一个人的生活空间内拥有 100 个朋友，听上去不少，可是各位读者朋友们试想一下，自你们从小到大，从亲属到邻居，再到同学、同事，在你们身边经过多少与你的生活产生交集的人？相信远远不止 100 个，也就是每人拥有 100 位朋友其实是一个很保守的假定。

当然，也许有人会反驳说，与我的生活具有交集的人的确很多，但我这个人比较孤僻、不喜欢交朋友，所以我仍然觉得很孤单，也觉得自己没有朋友。的确，经济的高速发展和科技的不断进步，反而淡化了人与人之间的联系，也许我们每天可以找到 100 个人一起吃饭喝酒，可是真的遇到困难时，也许面对厚厚的电话簿或者繁杂的手机通讯录，却根本不知道应该向谁寻求帮助。快节奏的生活导致人与人之间的联系日益弱化，笔者不否认上述现象在我国普遍存在。可是，如果你真的读懂了六度分隔的含义，你就应该知道：在六度分隔之中，我们只需要关注两个行为人之间存在的交集及存在的直接社会联系，我们并没有要求相近的两环必须是一对知心朋友。知心朋友只是说明两个人之间拥有更强的凝聚力和向心力，以及彼此之间拥有一个强大的相互吸引、相互作用的磁场，以保证双方能够对对方施加更为明显的影响力。

如果只考虑相交，而不考虑交往过程中影响力的传导以及这种影响力的大小，那么在你的生活圈子内找出与你拥有共同之处的 100 名其他行为人就是非常

简单的任务。

假设在你的关系网络中，每一个联系人同样拥有完全相等的 100 个联系人，那么当你通过关系网络中的某一个行为人向他的关系网络施加影响的时候，你的关系网络的广度已达到 100 的平方，也就是 10 000 人了。也就是说，在与你直接相连的二度空间，你只拥有 100 个受众，而只需再加入一个中介，你的影响力的受众就将以指数函数的速度急速增长——到了三度空间，你已拥有 10 000 名受众了。

再假设三度空间的每一个行为人同样拥有 100 名联系人的关系网络，那么你的影响力再通过一个层次，到达四度空间时，就已增长到 1 000 000 人了。当然，如果要通过五个中介的传导，到达六度空间，行为人影响力的广度将扩张到 100 亿人。考虑到当前整个世界只有 70 亿人口，通过六度分隔完全可以满足我们通过五到六个行为人充当中间媒介，从而串联起全世界任意两个人的目标。

中国历史上三次著名的株连九族

事实上，在上述假定的社会网络中，所有人的社会联系仅拥有 100 个分支是一个非常保守的假设条件。相必很多人都知道，在中国古代的封建社会，当一个人犯了重罪，对其最为残忍、最为严厉的处罚就是株连九族，也就是你犯的罪太严重了，你一个人根本扛不住，或者是皇帝认为只处罚你一个人实在是太便宜你了，不足以消除皇帝对你的心头之恨，因此就需要你的整个家族都陪同你一起被处死，共同承担你所犯下的重罪。

如果从我们当前的社会关系网络来看，封建社会所谓的九族不过是一个人最为基础的亲缘关系，它通常包括父族四族（自己一家，出嫁的姑妈及其儿子一家，出嫁的姐妹及外甥一家，出嫁的女儿及外孙一家），母族三族（外祖父一家，外祖母的娘家，姨母及其儿子一家），妻族两族（岳父一家，岳母的娘家）。听上去很多，但他们都是与当事人有最近血缘关系的至亲。如果从一个人的生长过程来看，来自九族的关系固然不少，但与相对更为广泛的邻居、同学、同事、师长等不拥有血缘关系，却处在极近的关系网络内的其他行为主体相比，来自九族的亲人，应该只是一个人所有社会关系中非常有限的组织部分。

但是大家猜一下，在古代一些最为著名的株连九族的大屠杀式代表案例中，一个人犯下的错误会连累自己九族中的多少个人？

看过几年前一部畅销书《明朝那些事儿》的读者朋友们，应该还记得里面介绍的中国历史上最后一位宰相胡惟庸的名字。作为明朝开国皇帝朱元璋非常信任的一名老臣，胡惟庸跟着朱元璋一起起兵反元，为建立大明的江山立下了汗马功劳。因此，在明朝建立之后，他一路官运亨通，升至左宰相，也就是皇帝朱元璋一人之下、万人之上的百官之首。

然而，当了宰相之后，胡惟庸日益飞扬跋扈、拉帮结派、独断专横、排除异己、权倾朝野，正当他的个人膨胀达到顶峰的时候，他的专权引起了好猜忌的明太祖朱元璋的极大警惕。明洪武十三年，也就是1380年，朱元璋找了一个借口，以企图谋反为名，诛杀了胡惟庸。此后，为了消除后患，最大限度地消灭胡惟庸的余党，更是对胡惟庸实施了连座族诛，诛杀其九族，前后一共屠杀三万多人，并取消了宰相之职。在中国历史上留下浓墨重彩的宰相一职，自此也走向了历史的终结。

要知道，在胡惟庸案件中所杀的三万多人，可不是胡惟庸的全部人际网络。事实上，作为胡惟庸的老领导和老同事——朱元璋同志以及他的家人在胡惟庸的关系网络中肯定也是处于核心位置的，如果真要杀光胡惟庸社会网络中的所有成员，朱元璋岂非要对自己动刀子？显然，朱元璋杀的是胡惟庸的党羽，只是在他下意识的判断中，属于胡惟庸的人，也就是会听他的话、共同谋反、对大明江山不利，至少是对他们朱家的江山图谋不轨的那帮人，特别是跟胡惟庸具有血缘关系的那伙人，肯定跟胡惟庸一个鼻孔出气，因而宁可杀错，也不能遗漏。这样看来，在胡惟庸案中，受胡惟庸牵扯、丢掉性命的人，可能主要是跟胡惟庸有血缘关系或者在工作中走得过近的一部分人，他们也许只占胡惟庸社会网络中的一小部分。如果运用六度思维来看的话，他们可能是与胡惟庸通过血缘关系或者工作关系联系起来的二度空间或三度空间中的一部分相关行为人，但这样已达到了三万人之巨，简直是一个令人难以想象的庞大数字。

其实，与胡惟庸案类似，在明初四大案中还有一起蓝玉案。蓝玉也是明朝建国初期的一员猛将，特别是他率军在捕鱼儿海一役中全歼元军残余部队，彻底摧毁了蒙古贵族重返中原的梦想。他同样是因为一路升官后过于恃功自傲、骄纵蛮横，在洪武26年，蓝玉同样被朱元璋以谋反罪诛杀，并灭其九族、党羽一万五千余人。

明代大儒方孝孺因为触怒了明成祖朱棣，而成为中国古代历史记载之中唯一被诛杀了十族的人，除了上属由血缘关系建立起的九族网络之外，作为当时最具盛名的学者，他的学生也遍及天下，在诛杀他的皇帝看来，弟子也是方孝孺除了血缘关系的亲属之外，最为亲近也最有可能替他报复朝廷的群体。在这一事件中，与方孝孺通过血缘关系所形成的九族，外加弟子一族，共计 847 人被诛，另有数千人被流放充军。

上述来自明朝的三个血淋淋的案例其实都是依托于个人的血缘关系建立起来的二度关系网络，或许部分能够达到三度关系网络，结果少则牵扯八九百人，多则数万人。这也在很大程度上揭示了通过六度分隔关系，利用人与人之间的关系网络能够在多大程度上扩张一个人的社会网络空间。

社会关系网中的交集

可能有一些聪明的朋友已经听出上述分析中的一些漏洞了。你说你的社会网络中有 100 个成员，而这 100 个成员每人又分别拥有 100 个社会网络成员，因此就得出结论：通过自己社会网络中的一个成员充当中间媒介，你就可以把你的社会网络从 100 人扩张到 100 的平方，也就是 10 000 人。

然而，依据我们的日常经验，每个人的社会网络中不同群体的社交关系通常会有相当大的交集。我们先不考虑 100 这个相对庞大的数字，假设我们要求每一个调查对象给出自己最要好的 10 个朋友的名单。随后，我们再向名单中的人询问同样的问题，我们就会发现：在两个名单中，可能会有很多相同的名字，也就是在很多情况下，一个人与自己好友的社会网络会有明显的交织。

之所以你与自己社会网络体系中的某一名成员拥有更亲密的关系，在很多情况下是因为你们拥有相同或相似的生活或者成长的经历。例如，你们是一个大家庭中的亲友，你们生活在相同的社区，你们就读于同一所学校甚至同一个班，你们在同一家企业就职等。正是这种经历上的相似，才会拉近你们之间的关系、缩小彼此之间的距离，帮助你们形成更坚固的感情基础，这也保证了你们彼此之间的影响力远大于与同样网络之中其他人之间的影响力。

在一个最极端的情况下，你可能与邻居家和你同龄的小孩 A 从小就在一起长大，按照就近入学的规则，你们顺理成章地进入了同一所小学，并一路考入同一所中学、大学，甚至最终进入同一家企业工作。正是由于太过相似的成长和生活的环境，你与A拥有相互交叉的人生轨迹，在你成长的每一阶段都有A的见证。当然，在A一生中的所有重要时刻，也少不了你的参与。在这种情况下，你与A自然而然就成为我们通常所说的发小，绝对的亲密挚友。如果你们是异性朋友，那就是典型的古典小说里所说的青梅竹马、两小无猜的范例了。

正是由于生活经历过于相似，因而A所认识的人，相信其中的很多人你也会认识，而A的朋友，也许正是你最要好的朋友，你们两个人的社会网络表现出很多相同的特质，这就是我们所说的社会关系的聚集性。

由于我的朋友的朋友也正是我的朋友，因而我们就会发现，通过自己社会网络中某一个成员的社会网络所达到的三度空间，其实完全可以通过自己的社会网络自行达到，甚至在看似遥远的四度或者五度空间，我们也许会发现，其中仍有自己二度空间中的朋友存在。也就是说，我们居然可以通过四度分隔、五度分隔，甚至更多层次的分隔，再回溯到自己的头上，这似乎除了数学统计上的意义之外，根本没有任何意义。

想必很多朋友现在都在使用一些社交软件，比如常见的腾讯QQ或微信，尽管两者都是由同一家软件公司所提供，但两者的社交平台却拥有明显的差异。当你进入朋友的QQ空间时，在自己QQ好友的很多日志之后，我们可以看到其QQ好友的评论和留言，无论发言人是否在你的QQ好友中，你都可以看到他的留言，这样你固然可以全面、系统地看清所有的评论和留言之间的逻辑关系，但由于相当多的留言并非由自己的QQ好友留下，你根本不了解说话的人是谁，或者与你的QQ好友存在什么样的关系，你其实很难真实地理解很多留言的深层意义。此外，每一个人在QQ好友的空间之中给好朋友的留言，也会让好朋友的所有QQ好友看到，而无论他是否为你的QQ好友，因而说话人的隐私是难以得到有效保障的。

与QQ空间不一样，当你进入自己的微信朋友圈时，也能看到自己众多微信好友的日志、随想或者分享的网络信息资源，也许在其下面也会拥有大量的好友留言与评论，但对于留言的阅读权限，微信将其设置为只有自己的微信好友才能看到。这也意味着，如果自己的朋友在朋友圈写下日志后，一个不在自己微信好友名单之中的、你的朋友独有的微信好友在此后写下的评论，你是根本看不到的，你只能看到你和好友共同的微信好友的留言。这当然可以最大限度地保护发言人的隐私，不是你的微信好友看不到你的任何发言。这样，也许你的微信好友的朋友圈日志后面已经跟了数百条留言了，但由于所有留言人都不是你的微信好友，那么你能够看到的还是一篇没有任何留言和评论的网络日志。

相信只要进入你的微信朋友圈，你就可以更加清楚地认识到你与朋友在人际关系网络之中的交集程度。如果你们拥有更多的相同成长经历，那么在共同生活的那段时间，无论是作为同学、同事或者邻居，你们会认识很多相同的人，他们构成了你们人际关系的交集。

如果考虑到六度思维中影响力的传导，行为人和与自己拥有相同经历的朋友之间的人际关系的交集更多，但过于重叠的人际关系网络反而阻碍，至少是限制了影响力在人与人之间的传导。如前所述，如果要通过四维甚至五维空间才能重新联系到自己，看上去这应该是一个极为复杂、极为漫长的时间传播，然而却没有任何实际意义。

在六度分隔中，也许实现两个行为主体相互联通的路径有很多，但通常我们只会接受最近的路径选择。也就是说，在一般情况下，如果我通过人际关系的网络既可以通过四个中间媒介到达相应的目标终点，也可以通过三个甚至两个中间媒介同样达到共同的目标终点。在通常情况下，影响力在人际的传导往往会导致衰减，进而极大地影响到这种影响力的作用效果。因此，为了追求最终效果，我们往往强调利用最短的传导路径、最低成本和最高效率，实现影响力在人的社会关系网络之中的传导。

通过对于微信朋友圈的关注，相信大家可以更为清楚地认识到我们与二度空间之中直接人际关系网络成员在社会网络之中的交集。这就带来一个新的问题，如果你想通过社会网络向更多的行为主体施加影响，那么是你的好朋友还是普通朋友更能帮助到你？

也许很多人看到上述问题，不假思索就可以报出答案，当然是我的好朋友、铁哥们对我的帮助更大了，我们的关系多磁啊，哥们一句话，好朋友自然而然地帮哥们把事给平了。

然而，你的上述来自潜意识的答案，更多关注影响力在人际关系中的传导程度，因为你们关系近，所以好朋友才更愿意，也更能接受你的影响，因此更多地按你要求的方向去处理事情。然而，你的答案却根本没有考虑到你们关系网络的扩张情况。

还是继续上述的案例，当你和一个共同长大的发小在一起时，因为拥有太多的相同成长经历，因此你们好友名单的相似度非常高，当你希望通过发小的人际关系网络扩张自己的社会影响时，你却会无奈地发现，尽管发小更愿意帮助你，但他的好朋友通常也是你的好朋友，那么与其通过三度空间扩张，利用好朋友的人际关系网络把自己的影响力扩张到双方的共同好友上，还不如直接利用好自己的人际关系网络，通过发展二度空间实现这一目标。

例如，你想托同学A为自己办一件事，A既是自己的同学、朋友，也是自己的发小B的同学、朋友，你们三个人在中学时一直在一个班，而且关系也都很好。除非A与B具有特殊的、更紧密的联系，否则你往往更愿意直接以同学兼朋友的身份托A办事，而不是麻烦自己的发小B，动用他的面子去说服A为自己办事。

所谓求人不如求己，作为中间环节的B与自己以及A都有相似的社会联系，自己与B在A面前都拥有相同或者相近的社会影响力。在这样的情况下，与其麻烦别人，眼睁睁地看着在执行过程中自己的影响力衰弱，不如直接寻求最短的传导路径，自己亲自执行这一任务。

从这个方面来说，如果想实现自己的影响力对外扩张，越是与自己的交集小的普通朋友能够起到的作用往往更大，那些与自己交情更深、更愿意帮助自己的朋友，往往因为与自己的社会交集更大，其影响力与自己太过相似，反而并不能更好地帮到你。这就是六度分隔中所谓的弱联系的强力量。

在真实的社会网络中，真正有效的社会协同和强大的社会影响的传导，并不在于我们想象的在交际圈中存在更紧密的相互交织的强联系社会主体之中，而更多来源于并不存在太多交际圈的交互，甚至彼此并不十分了解、彼此没有太多共同点的弱联系群体。

例如，当你需要寻找一份工作时，在你的身边，你最亲近的朋友可能是你的发小、你的同学，他们大多应该与你一样，处于紧张找工作的状态，你所认识的人，你的好朋友们大多也认识，你的社会网络大多与你的众多好朋友相同。在这种情况下，你指望你的众多好朋友帮你解决工作，其实并不现实。

依我们社会生活中的正常规律，真正能够帮助各位年轻朋友的，往往是他们父母的亲友，甚至是很多与父母的工作、生活并没有太多交织的相对疏远的亲友。道理很简单，与你父母走得近的那帮朋友，他们能做到的事，其实大多你的父母也能做到，如果需要这些朋友帮忙，那么你们的父母还不如选择自力更生、自食其力更靠谱。相反，越是那些多年不来往或者只是偶尔联系的朋友，他们由于生活圈子与你们隔得太远，反而有可能拥有你的父母没有掌握的社会能力，因此也就更有希望帮到你。这看上去是一个悖论，却是我们生活中可以真切感受到的客观事实。

社会交际网络的发展

对于六度分隔而言，每一个行为主体社会交际网络的大小以及不同行为主体社会交际网络的交集，其实是决定影响力在人与人之间进行传导的重要因素。然而，我们不能静态地旁观每一个行为主体的社会交际网络，把他们的社会交际网络的大小看成一个静止不变的固定数据，而是应该运用发展的眼光，结合个人、社会、经济与科学技术的发展，强调每一个行为主体社会交际网络的发展与演进。

想必大家可以理解，我们所说的每一个人的人际交往圈子，往往是伴随个人的成长过程而逐渐形成的，其中既包括小时候的玩伴、学习阶段的同学与师长、工作阶段的同事，也包括领导与客户。每一个人在成长的每一个阶段都会有各个阶段特有的社会交往行为，并在这些行为中形成自己与他人的人际往来，培养出各人的交往圈子。

随着个人的成长，各行为主体某一个特定时期的社会交往将由自己在这一时期的主要社会活动所支配。一方面，他在其中会接触、认识、交往更多的新朋友，并不断壮大自己的社会交往圈子；另一方面，由于社会交往类型与圈子的变更，各行为主体还将与此前社会交际网络中其他成员的社会活动交集不断缩小，致使这些人逐渐淡出自己的社交圈，从而普遍表现出结识新朋友、忘记老朋友的共同规律。

“由来只有新人笑，有谁记得旧人哭。”随着交际活动交集的不断缩小，每个人在加强与当前社交圈成员交互往来的同时，也在不断地把自己以前的老朋友从自己的记忆以及紧密联系的社交圈中排除出去。这样，每一个人社交网络的组成，其实都是处于不断的辞旧迎新、喜新厌旧的逆淘汰机制之中。

正如古希腊哲人所说，人不能两次踏入同一条河。因为河水在不断流动，你在一瞬间之前踏入的河流中的河水已经流走，你现在再次踏入的河流，尽管看上去仍是瞬间之前踏入的河流，但由于河水已经流动，水已不再是以往的水，那河也不再是此前的河流。

同理，每一个人总是在不断地接触社会、认识社会、结识新朋友、遗忘老朋友，在感觉上，我们随着交往范围的扩大而在不断地结交新朋友，但因为每一个人接触社会的面基本是稳定的，在结识新朋友的过程中，难以避免地会逐渐抛弃或者至少是不再紧密联系以往的老朋友，使得这些老朋友在你的社会交往金字塔结构中逐渐被挤到了最底层，甚至完全排除出你的交往圈子。

当然，每一个社会主体交往圈的不断更替，使得他们在每一时刻所拥有的社会交际网络其实是存在明显差异的，当然也就体现出社会交际网络动态变化的基本属性。

更有意思的是，在一个人的社交圈子内，可能会存在若干人都与该行为人保持极为紧密的关系，然而这些人彼此之间却根本没有任何的直接联系。换言之，只有通过这些人的共同朋友才能建立起间接的联系。而在每一个人社会关系的发展过程中，一方面，我们未来所能认识的人，至少在很大程度上是依赖于我们当前所认识的人，而且随着我们社会交际的不断发展，既会有新的社会联系产生，也会有旧的社会联系逐渐淡薄，退出自己的社会交际网络。这就使得依托于人与人之间的社会联系而建立起来的社会网络，处于不断更新、持续变化的进程之中。

事实上，除了从个人成长的角度，我们可以明显地看出每一个社会行为主体社会交际网络的动态演进、发展，单纯地从社会的进步来看，社会的发展、科技的进步也会造成社会行为主体交际网络的变化。

在很久以前的封建社会，无论是统一与分裂交替出现的东方文明，还是战乱纷争、宗教当家的欧洲文明，基本都是坚持自给自足的小农经济、自然经济，每个家庭都选择男耕女织，因而家庭的全部消费需求基本都可以靠家庭内部每一名成员的辛勤劳动来解决。这就导致了每个家庭中的每一个人其实都没有太强烈的愿望与他人发展商品交易，或者产生经济交往的迫切需要。每一个人都在一个小的生活圈子内悠然自得地生活，鸡犬之声相闻，老死不相往来。在这样的社会制度下，每个人的人际交往相对简单、狭小，这其实就在很大程度上制约了人际交往的发展。

如果再有几个类似于陶渊明所言的世外桃源，多一些不与世人交往的世外高人的存在，无论世间沧海桑田，但自己却悠然自得地在桃花源中独自生活，不知秦汉、无论魏晋的话，那么无论通过多少层的人际交往关系的传导，你都没有办法把自己的影响力传导到这些根本就与你所生活的世界没有任何交集，完全与你处在两个不同世界的人身上。

从某种程度上说，如果你想与某一个特定目标达成间接的联系，肯定需要这个人能与某一个与你相关的直接或间接行为人形成关系网络。如果某一个人与你处在完全没有交集的两个世界，在这种情况下，六度分隔是根本没有办法实现人与人之间的间接联系的。

在当前的世界中，国际经济的持续发展已使得我们今天的地球被缩成了一个小小的地球村，每一个人都能享受到来自世界各国的精美商品，享受到更加方便、快捷的现代生活，并且与世界各国形成更为紧密的经济社会联系。与自然经济下封闭的人际交往模式相比，现代人的交际圈已被极大地扩大了。

现代经济体制与经济发展水平也使得人与人之间的联系变得更加紧密，从而创造了六度分隔的生长土壤。当然，到了这个时候，我们需要提醒大家：六度分隔只是一种思维模式，而不是一个准确的客观规律，特别是对于六这个数字而言，它只是从统计意义上得出的结论，并不代表在任何时代任何情况下人与人之间的交往必须是在六层之内。

也许在遥远的人与人之间相对封闭的古代社会中，由于每个人的交往圈子都不大，十层联系已是一个非常低的数字了，而在一百年或者二百年后，现代科学也许可以帮助地球上的每一个人都能轻松地与任何国家的任何人形成联系。那时，也许我们只需要二三层联系，就可以串联起整个地球的社会交际网络。从这个方面来说，六度分隔所提出的六层概念也许只是20世纪中后期那种特定交往模式下的统计结果，而不会是永恒不变的公理。从理论上说，随着现代通信技术的不断进步，每一个人的社会交往范围将呈几何倍数的增长，这将使得全世界任意两个人之间的联系程度更加紧密，而这种间接联系所需要的人际交往层级必然呈现持续下滑的规律。也许今天还需要六层联系，而到了十年或八年之后，只需要四五层联系，就可以实现任意两个人之间的社会联系。

我们所倡导的六度思维，更多地强调人际交往的传导性，而不在于如何推导出任意两个人之间的所谓六度联系。对我们来说，在全球不同人之间，到底是需要六层还是五层分隔形成普遍的联系，主要取决于社会经济发展所造成的人际关系网络的容量。到底需要多少个层次才能实现这种人际关系网络的传导，其实也是一个由不同的社会发展状况所决定的动态发展结果。运用一种动态、客观的研究视角来关注人类社会的发展进步，同时强调社会发展的动态演进，并从中归纳出科学、客观的普遍规律，也许这才是我们研究六度思维的真正目的。

第五章

六度分隔的差异化思维

社交圈大就代表影响力强吗?

通过六度分隔实现人与人之间影响力的传导，往往取决于整个社会交际网络中每一个行为人交际网络的宽度。当一个人在社会交际网络中拥有更多联系人的时候，他就拥有更多选择，可以把自己的影响力尽可能地向外延伸。如果他的联系人也拥有同样广阔的社会交际网络，那么通过若干个中间环节的联系人，实现与其他社会成员间接联系的机会也就更高。

上述结论显然没有问题，但更大的社会交往网络可以代表更容易完成人与人之间的间接联系，但这种容易达成的联系是否意味着行为人可以更好地实现对于其他行为人的间接影响?

也许有些朋友会把上述两个问题看成一个问题，形成间接联系与施加间接影响，似乎存在很大的相似之处。然而，这是完全不同的两个问题。宽度更广的社交网络的确更有利于人际关系的间接传导，但这种传导是一种统计意义上的含义，并不一定代表着通过六个层次的人际交往，一度空间中的行为人可以对第六度空间中这个间接联系到的行为主体施加自己的影响力。

如果打一个比方的话，六度分隔中的六个人其实就好像六个盛有不同液体的容器，我们完全可以在相邻的两个容器之间插上导流管，把它们完全地连通起来。然而，最终决定第一个容器中的液体能否流入第六个容器之中的一个很重要因素是，形成这六个容器环环相扣、彼此连接的几个导流管是否畅通无阻。

六度分隔的实现只是要求从形式上，第一个容器可以连接在第二个容器上，而第二个容器又与第三个容器紧密相连，…，第五个容器也通过导流管与第六个容器相连。然而，决定第一个容器中的液体能否顺着这五根导流管顺利流入第六个容器的关键在于，所有的导流管是否畅通。其中，只要有一根导流管堵塞，那么液体的传导就会在堵塞处被隔绝开，以致无法再顺着其他导流管流入第六个容器。

在六度分隔的社会交往网络之中，其实也存在着同样的机制。如果有任何一个环节，即使存在着联系前后两个行为人的社会关系，但某行为人的影响力却无法直接作用到下一环节，那么整个链式的影响力传导就将中止。

某行为人与其社交网络中的其他行为人之间存在一定的社会联系，这是一个客观存在的事实，但并不代表该行为人一定能向其社交网络之中的每一名行为人施加自身的影响。由于在他的社交网络中，不同社会主体与他之间的社会联系存在远近之分，他们彼此之间的凝聚力和向心力也存在着明显的差异。比如在我们的生活中，假如您的经济相对富裕，有时身边会有不同的朋友向您开口借钱。显然，如果借款人是您的亲密好友，那么您愿意借出相对较多的资金；如果借款人只是普通朋友，那么即使您愿意向他借出资金，相信您愿意出借的资金额也会相对少一些。如果您与借款人只是点头之交，甚至是初次见面的陌生人向您张口借钱，也许您会坚决拒绝。

对于您来说，无论是从小一起长大的发小，还是初次见面的一面之交，都处于您的社交圈内，都与您之间存在直接的社会联系。然而，即使同处一个社会交际网络之内，不同的成员对您可以产生的影响力却存在明显的差异。如果我们单从六度分隔的社会意义出发，考虑到你们之间真实存在的社会联系，的确可以形成链状的关系网络，但从实际出发，在一个人的社交网络中处于相对低下位置的人，或者说属于不重要社交角色的社会主体，其实是很难向其他行为人施加有效影响的，那么他们之间所存在的这种社会联系也就缺乏实际价值了。

如果按照一个人拥有更宽阔的人际关系网络，那么他一定拥有更强社会影响力的逻辑，则在现代社会中拥有最强权势的就应该是企业的销售员或政府的联络员，因为他们的工作就是与别人打交道，他们每天交往的人数远远大于正常人。然而，上述说法的逻辑错误是极为明显的，在现在的社会交际网络中拥有最大影响力的人，往往并不是拥有最宽阔人际关系网络的人。宽阔的人际关系只能说明你的交往面更广，每个人的影响力归根到底应该是受他的人际关系网络的广度和深度综合决定的。你拥有更多的人际关系并不代表你就一定能对所有社交圈内的人都拥有巨大的影响力。如果你同时还能拥有超强的人格魅力和社会影响力，才能保证你在社交网络中起到最核心、最突出的作用。

社交网络的中心角色

正因为我们每一个人的社会交际圈都是伴随着我们个人的成长、发展的历程而持续演进的，而我们与身边的人往往拥有相同的经历、兴趣爱好，从而在彼此之间产生强烈的吸引力和向心力，进而形成一个紧密的社交网络，这就是通常所说的“物以类聚，人以群分”。如果不是在某一方面具有强烈的共同性，形不成共同语言，或者达不成共同的利益，那么“不是一家人，不进一家门”，也许就会出现尽管某人生活在你的社交圈内，但你们志不同、道不合，当然也就无法凝聚成一个整体，进而难以对对方施加强有力的影响。

在西方的传统文化中也有类似的说法，比如只要看一下某个人身边的朋友素质，就能知道这个人的基本情况。其实，这也反映了只有彼此兴趣相投，又在生活经历中具有某种交叉的人群才有可能凝聚起一个稳定的社交网络。与此同时，在每个人的社会交往过程中，他们都会深深地受到自己所在社交网络的影响；同时，又会反过来影响自己社交网络中的其他人，以致造成所谓的“近朱者赤，近墨者黑”。

然而，因为每一个人的社会交际圈都是各人成长经历的写照，正如世界上永远不可能拥有两个完全一样的人，因而也不可能存在拥有完全相同的社交网络的两个人，哪怕是双胞胎也会各自拥有自己的小天地，拥有自己的小圈子。我们现在倡导的尊重每一个人的隐私，在很大程度上就是尊重每一个人与自己社交圈成员自由交往的权利以及这种私人交往的私密性。

在当前的社会之中，不同的人拥有各自的社会交往能力，也会拥有各自特有的社交圈子，这就决定了他们在整个社交网络中所拥有的不同社会地位。一般来说，拥有更高的社会地位或者更多财富的社会主体，往往更能得到社会的关注，别人也乐于与这些人进行交往，因而他们更容易发展自己的社交网络，他们不但可以拥有普通人所不可能实现的社交网络的宽度，而且凭借自己的社会地位和财富，他们也足以说服自己的社交圈内成员听从自己的命令、建议或者请求。这就导致了这些具有强烈社会影响的人，更容易成为整个社交网络的中心，整个世界所有的信息都将在以这些核心人物为中心的社交网络之中传导、扩散和处理。处于中心地位的核心人物往往能够拥有其他人无法获得的更多信息和资源，从而对其他人产生更为强烈的影响力，这又可以进一步巩固他们在社交网络之中的超人地位。

可能很多孩子与我小时候一样，喜欢看讲述英雄好汉的传奇故事《水浒传》，可是很多人在初读《水浒传》时，往往会被众多的人物设计而迷惑，单单梁山好汉就有 108 员名将，如果再加上被宋朝皇帝派去征讨梁山的被当作反面人物的众多将帅以及充当配角的其他人物形象。仅仅一本《水浒传》中，各种有名有号、有名无号、无名无号的大大小小人物不下千人。对于众多喜欢《水浒传》的孩子而言，要想记住如此众多的人物形象，几乎是一件不可能完成的任务。

然而，如果我们仔细梳理一下《水浒传》的人物关系，就可以看出两条主线，一条主线是大家所喜欢的梁山英雄，他们固然由于不同的原因先后加入水泊梁山，但相当多的人都是梁山首领宋江的粉丝，往往一听到宋江之名就当场拜倒、甘愿效力。也就是说，尽管 108 条好汉拥有 108 种不同的性格特点，拥有 108 段传奇故事，然而 108 条人物的主线全都汇集在一点上，那就是宋江。宋江串联起了所有梁山好汉的社交网络，并处于整个梁山英雄网的中心环节，即使某两位梁山英雄此前从未相识，但只要通过宋江就可以形成联系，宋江成了联系起所有梁山英雄人物最为关键的角色。

同理，站在宋江对面的是大宋朝廷，无论是由奸臣高俅，还是由奸相蔡京、坏蛋童贯负责的征讨也罢、招安也罢，其最后对梁山到底采取什么样的策略，拿主意的始终是当时的皇帝宋徽宗，所有被派去的人也都是对皇帝宋徽宗负责，而非对高俅、蔡京之流负责，因此宋徽宗也就因此成为梁山英雄的对立面。朝廷那一边所有人物的中心人物，我们只需要通过第二条主线宋徽宗，就可以串联起反梁山的所有人物关系。

当然，即使不通过上述两个中心人物，我们也可以根据人与人之间的联系确定他们在梁山英雄谱中的地位与影响力。例如，武松和林冲都是大家非常喜欢的《水浒传》人物，我们知道他们在加入梁山之前，都曾是宋朝的公务人员，但一个是小小的阳谷县里的都头，一个是高高在上的东京80万禁军教头，两人的地位差距也是极为悬殊的。从生活经历上看，两人在真正加入梁山之前基本没有交集，当然也就没有直接的社会联系了。我们要想从官府这边找一个能够同时认识他们的人物，似乎也不太容易。

可是，如果我们熟悉《水浒传》的故事情节，我们就会发现宋江与武松曾经在柴进的山庄有过一面之缘，而林冲在入伙梁山之前虽没有与宋江直接打过交道，但就凭着宋江的江湖地位，哪怕此前没有直接联系的林冲想必也会对其久仰大名，会给几分面子，要不也不会为了挽留宋江而操刀杀掉原来的梁山首领王伦，想必两人早就惺惺相惜、相互倾慕对方的江湖名望久矣。因此，如果想帮武松和林冲两位英雄相识，替他们牵线搭桥，那么选择通过宋江，显然是最理想，也最容易做出的选择。

可是，如果我们放弃宋江这个关键点，难道我们就不能帮助他们建立起间接的联系了？熟悉《水浒传》的朋友当然知道，早在林冲还是80万禁军枪棒教头、风光得意的时候，就已经认识了当时在大相国寺出家的花和尚鲁智深，而武松杀死西门庆和潘金莲被发配边疆时，也在途中偶遇了鲁智深，两人还交上了朋友。也就是说，即使不通过梁山英雄的公共解宋江，我们也可以通过鲁智深建立起武松和林冲之间的社会联系。

当然，如果要从《水浒传》的故事情节中推导出鲁智深与他们两人的关系，就需要对《水浒传》非常熟悉，才可能做到。相反，如果只是选择宋江作为任意两名《水浒传》英雄人物之间的关联点，这相当于一个公共解，是一个非常容易想到的答案，也是最容易得出的结论。

通过上面对《水浒传》人物的分析，我们大概可以得出结论了，也许想要在两个看上去毫无关系的人之间通过六度分隔，利用不同的人物作为中间枢纽，我们其实是可以得出多个不同路径的。正如我们既可以通过宋江充当林冲与武松之间的介绍人，也可以选择让鲁智深充当这个介绍人的角色。所谓条条道路通罗马，如果我们要求的只是帮助林冲与武松牵线搭桥、介绍认识的话，那么他们两

人其实是有多个选择的，但如果想在两人之间寻找最理想、最简单的联系，只需要寻找两人所处社交网络的中心人物充当这个中间人的角色就可以了，这显然非宋江莫属了。

事实上，在我们看来，分散、复杂的社交网络并不像我们想的那么零乱，即使在很多看上去非常庞大、网络成员众多、人员关系复杂的社交网络内部，同样存在一些具有强大影响力的社会成员。这些成员使得很多社交网络表现出强大的集中度，整个社会活动其实就是围绕这些重要人物或者说社交网络中的 VIP 人物展开的，所有的网络信息都将围绕这些中心人物在社交网络中进行传导与分配，从而构成了组成整个人际网络的向心力和凝聚力，维持了社交网络的稳定性。

想必大家都有经验，当我们观看一些文体表演节目时，在一些精彩时刻，往往会有一些人领头鼓掌，可能就在那一刹那，当我们听到别人开始鼓掌时，我们通常的选择就是跟着一起鼓掌，从而形成了响彻全场的整齐鼓掌声。其实，在上例中，领头鼓掌者有时扮演的就是这样的中心角色。尽管你们可能在同一个体育场中观看文艺节目，但你们可能此前从未相识，此后也无缘再见，然而，此时你们在相同的地点观看同一场演出，这就构成了你们共同的经历，并且把你们紧紧地联系在一起。

作为同处一个社交网络之中的社会主体，你们也会彼此影响，因此才会出现当有人开始鼓掌时，逐渐产生了对于场地中其他主体的吸引力，鼓励或者说吸引其他观众一起鼓掌。先鼓掌者，由于通过提前鼓掌，引导了社交网络中其他角色的行为选择，因此成为整个社交网络的中心环节。

如果没有这些中心人物的存在，所有的信息并不会经过一个处理中枢统一处理后，再向整个组织传导，那么信息只能低效率地、通过零散的人与人之间孤立地发布与传导。此时，信息能够在哪些人之间传导、如何实现传导都将成为一种小概率事项。当社交网络足够大时，在这种无中心的情况下实现信息的零散式传导将是异常困难的，甚至影响了整个信息网络的组建，以及实现信息在整个网络内部的传导。如果没有处理这些信息的中心环节，那么人与人之间的社会联系基本无法建立起来。

从这个方面来说，寻找每一个社会信息网络或者社会交往系统的中心角色或中心环节，是保证我们有效运用六度思维，发挥社交网络作用的最理智、最有效的处理办法。

把握六度思维中的关键点

借助日益发达的现代资讯，我们已经可以与全球任何一个国家的任何人，通过交际网络的传导，实现人与人之间的相互联通。对于我们每一个人来说，能否实现与他人的联通已不再是问题，最为关键的问题在于，到底能够通过什么样的途径去实现这种人际关系网络的互通、共享，从而建立起包括全球所有居民在内的、最为广阔的全球关系网络。

六度分隔理论，或者说隐藏在其背后的研究社会网络之中人与人之间相互影响力的系统动力学，并不能为我们提供一套最为完备的运算公式，从而帮助我们快捷、便利地找出联结任何两个人的社会关系网络路径。但是，我们能够清楚地认识到，即使在公平、公正的民主思想已深入骨髓的现代民主社会，我们了解的社会关系网络中的每一个人也不是处于绝对的平等地位，而是在网络的广度与深度等方面都存在明显的差异性。

对于一些拥有更高社会地位或者更多社会财富的人来说，由于资源占有方面的优势，他们与其他普通民众相比，会拥有更多的社会交际机会以及更高的交际平台。此外，由于他们自身掌控着资源的配置权，往往能够决定或者影响自己交际圈内社会成员的利益分配，因此可以对自己的交际对象产生更为显著的影响。

相反，对于很多生活在社会底层的普通民众来说，他们可能一辈子只是生活在一个小小的社区或者村落，甚至都没有机会走出自己的家乡，他们一生中所接触的对象，可能除了亲人和邻居就基本没有什么其他人，这样的人在其社会交际圈中的交际面和影响力也就可想而知了。

还是回到《水浒传》的例子，如前所述，通过宋徽宗或者宋江，基本可以串联起整个《水浒传》上千名人物的社会关系，也就是说，宋徽宗和宋江其实就是理清《水浒传》人物关系的关键所在。可是，如果我们换一个不知名的 108 将人选或者其他有名的《水浒传》人物，也能起到与宋江和宋徽宗一样的作用吗？

可能只有特别熟悉《水浒传》的人，才会记得活闪婆王定六、金毛犬段景柱的名字，此两人也位列《水浒传》108 将之列，算来也是与宋江齐名的英雄人物。但是，还有谁能够记得他们两位的英雄故事，或者哪怕是看过好几遍电视剧

《水浒传》的朋友，有谁能够记得扮演这两位英雄人物的演员形象是什么样的？作为位列108将中靠后的这两位仁兄，在整本书或者整部电视剧中简直就是为了凑108这个吉祥数字而随意创造出来的龙套人物罢了。尽管同样是位列108将之中的英雄人物，但在梁山中，这两位也就只能算个学渣角色了，估计排名前列的学霸（如宋江、林冲、武松之类的英雄好汉），平时谁也不会抬头多看他们几眼，要想通过他们认识其他的梁山英雄人物，实在是不靠谱。

潘金莲应该是整个《水浒传》中比较受关注的配角形象了，尽管在整部小说中她的戏份并不大，但多年以来，她已作为一个不守妇道、谋害亲夫、可恨又可怜的女性角色而深入人心，并广为全国人民所接受。要论知名度，恐怕就连武松、林冲之类的《水浒传》顶级英雄人物形象对她都得甘拜下风了，更不用说王定六、段景柱之流的小角色。在广为中国观众喜欢的电视连续剧《水浒传》中，潘金莲这个角色的选角、配戏、表演都是很多观众茶余饭后津津乐道的热门话题。

尽管潘金莲在广大中国民众之中拥有如此多的粉丝，并广为民众所认识，但如果我们想通过她来串起整部《水浒传》的英雄人物，恐怕也是无能为力的。终潘金莲一生，先作为大户人家的婢女，后成为一个小商贩武大郎的妻子，一直都是一个生活在社会底层的普通女子，可能除了清河、阳谷二县，再也没有到过其他地方。她身边除了武松兄弟、王婆等邻居，以及偶然认识的西门庆等人之外，再无其他社会交际。

尽管潘金莲自甘成为西门庆的情人，进而落了个身败名裂、遗臭万年的结局，但事实上，这也只是她在选择社会交际对象方面犯下的一个致命错误而已，并不意味着作为荡妇代表的她就能够艳名远播并结识整个大宋朝的好色之徒。在整个108将中，除了最终取了她性命的武松之外，她也根本无缘与其余107人有过任何的碰面机会。而在朝廷一面，可能连小小的阳谷县令她都无缘结识，更不用说职位更高的高俅、蔡京，甚至是宋徽宗了。

因此，尽管潘金莲的名气很大，广为中国民众所认识，但她的交际范围根本无法与其他主要的《水浒传》人物产生交集，我们当然不可能期望利用她的人际网络，帮助我们认识更多的《水浒传》英雄人物了。

其实，上例告诉我们，在整个社会关系网络中，我们其实的确拥有一些捷径，通过联系那些拥有更大的交际广度与深度的关键人物，就能帮助我们更为便捷地实现人际交往关系传导的目标，协助我们实现六度分隔。然而，如何根据每一名社会对象的真实背景，确定他们的交际广度与深度，选择最为合适的关键人物，才是实现这一目标最为艰难的一步。

测试演员们的刘德华指数

在华人娱乐圈内，香港艺人刘德华应该是世人皆知的顶级巨星了。1981 年，自 TVB 第十期无线艺人训练班毕业出道以来，刘德华先扛着“无线五虎”的名号，与其他几位同时出道的潜质演员一起踏上星途，成为最受香港观众喜欢的连续剧主演。此后，刘德华逐渐开始涉足歌坛、舞坛，以“香港乐坛四大天王”之名而闻名于世。

多年以来，刘德华的影视作品广获好评，先后三次斩获金像奖最佳男主角，两次拿下金马奖最佳男主角。对于很多影视作品而言，有刘德华主演，基本就有了足够的市场号召力和稳定的票房保证，这奠定了刘德华在华人演艺圈的至高江湖地位。

除了英俊的相貌、劲爆的歌舞、精湛的演技，刘德华对工作的认真和勤勉也是演艺圈中人所皆知的秘密。从艺 30 多年以来，勤勉的刘德华已出演电影超过 150 部、电视连续剧约 30 部，创作及演唱歌曲数百首，可谓少见的多产艺人。他合作过的演艺人士应该超过千人，肯定算是华人演艺圈中与其他演员合作次数比较多的演员之一了。

显然，以刘德华的演艺经历来看，他完全符合前面所说的成为华人演艺圈社会交际网络关键人物的基本条件，甚至可以毫不夸张地说，由于多年以来，他也在多部影视作品中与多位国际影星有过合作经历，把他直接称为当代全球演艺圈的关键人物，也毫不为过。

那么，我们是否可以尝试以刘德华为中心，构建一个影视圈的六度空间？我们可以创建一个刘德华指数来反映不同影视明星在以刘德华为核心的社会交际网络之中的地位与影响。首先，我们假设刘德华自己的刘德华指数是 0，而在他的演艺生涯之中，所有与他有过合作经历的演员、导演、编剧等演艺人士的刘德华指数是 1。当然，尽管与刘德华有过合作经历、拥有刘德华指数为 1 的演艺人士应该在千人以上，但即使在华人演艺圈中，这也是冰山一角；如果放眼全球演艺

圈，那么它的比重就小得可怜了。

如果一个演员没有与刘德华有过合作，却和某位曾与刘德华有过合作的艺人，也就是拥有刘德华指数为 1 的艺人有过合作经历，那么我们就可以赋予他刘德华指数 2。当然，如果再按这样的逻辑推导下去，我们还可以推出刘德华指数 3、刘德华指数 4 等。

事实上，对于全球演艺圈的所有艺人，我们都可以根据他与刘德华的交往关系，赋予他不同的刘德华指数。关键在于，我们是否可以在刘德华指数 6，也就是我们所说的六度分隔之内，确定所有艺人在这个以刘德华为核心的人际关系网络中的分布位置。

例如，国民大叔吴秀波是近年国内演艺圈中非常受欢迎的演员，他凭借在《心术》、《离婚律师》等影视作品中的精彩表演，更以其坏坏的、痞痞的、看似不着调，却又非常暖心的邻家大叔形象，赢得众多国内观众的心。然而，吴秀波与刘德华的不同在于，成名之后，刘德华已经很少参演，更不用提主演连续剧；而吴秀波却以连续剧而广为观众所熟知，他的作品也是以连续剧为主。尽管吴秀波参演了一些电影作品，但一直没有与刘德华有过合作，也就是无缘将自己的刘德华指数确立为 1。

然而，作为国内演艺圈的当红艺人，如果想寻找吴秀波与刘德华之间的联系是相当容易的。2014 年，吴秀波与姚晨合作的《离婚律师》一炮而红，并创下了国内影视剧的一个收视高峰。在这场戏中与吴秀波唱对台戏的大嘴美女姚晨恰于 2013 年与刘德华合演过电影《风暴》。显然，在这个以刘德华为核心的人际关系网络中，姚晨的刘德华指数为 1，而与姚晨合作的吴秀波的刘德华指数则为 2。

同样是在 2013 年，吴秀波与曾志伟合作了音乐剧《我的青春高八度》，而在香港的演艺圈，搞笑大师曾志伟与刘德华早就是老朋友了。1981 年，刘德华进入演艺圈后拍的第一部戏《彩云曲》就是与曾志伟合作的。20 世纪 80 年代曾志伟当导演时，其执导《最佳福星》、《小小小警察》等电影时，也曾邀请当时还未声名鹊起的刘德华当主演，更被演艺圈赞为发掘刘德华的伯乐之一。显然，曾志伟的刘德华指数为 1，而与曾志伟合作的吴秀波同样可以获得刘德华指数 2。

当然，在吴秀波少有的几部电影作品中，2013 年他与汤唯合作的《北京遇上西雅图》是市场反响较好的一部优秀作品，而汤唯已经和刘德华有过多次合作经历了，2011 年两人共同参演《建党伟业》，2014 年又共同主演《失孤》，因而在这条人际关系链中，汤唯的刘德华指数为 1，而吴秀波的刘德华指数仍为 2。

显然，即使同样是数值为 2 的刘德华指数，但我们可以选择的路径有多条。所谓条条大路通罗马，但作为华人演艺界的两位深受观众欢迎的影视演员，如果仔细梳理两人的影视作品，寻找与他们合作过的影视演员的关系，我们还可以建立起更多的两人之间的关系链。无论选择什么样的人际关系链条，我们都可以在以刘德华为核心的演艺关系网的第二层次找到吴秀波的位置，从而帮助吴秀波与刘德华建立起间接的联系。如果在未来的日子里，他们能够合作一些影视作品，那么吴秀波还可以将自己的刘德华指数提升至 1。这反映了六度思维中动态演进的规律性。

也许有人会说，你怎么光选国内的知名演员，要不换一个外国演员试一试？其实很简单，安吉丽娜·茱莉也是我们熟悉的美国电影演员，她主演的《古墓丽影》系列、《史密斯夫妇》等作品早已为中国观众所熟悉。2014 年 8 月，她与著名影星布拉德·皮特结婚，更被众人视为影视圈郎才女貌的天作之合。

事实上，尽管刘德华参演的电影作品已超过 150 部，但是除了在香港和中国内地，刘德华与国际影视圈的交流并不十分密切，与好莱坞知名演员的合作也寥寥无几。然而，这并不妨碍我们建立起刘德华与安吉丽娜·茱莉之间的人际网络。在安吉丽娜·茱莉主演的《古墓丽影 2》中，与她对戏的演员中就有一名香港动作明星任达华。任达华同样是刘德华的老合作对象了，在他早期的《龙腾四海》、《醉拳》、《超级学校霸王》等影视作品中，两人都有过合作的经历。

显然，只需要通过任达华，我们就可以帮助刘德华与好莱坞巨星安吉丽娜·茱莉建立起联系，因此任达华的刘德华指数为 1，而安吉丽娜·茱莉的刘德华指数同样不高，仅为 2。

当然，为了分析简单，我们在这里都选择一些读者朋友们熟悉的演员，用以寻找他们与刘德华的关系。其实，只要有足够的信息参考，哪怕你提供的仅是国内最普通的一名小小龙套演员，只要通过他参演的影视作品中拥有刘德华指数或者在以刘德华为中心的演艺人际关系网络中离刘德华最近的演员，我们同样可以寻找到这些无名龙套演员的刘德华指数。

其实，刘德华指数只是一种分析方法，我们同样可以建立起葛优指数、冯小刚指数或者成龙指数等。事实上，我们根本不在乎到底设定谁充当这个人际关系网络的核心，关键是寻找一个拥有较宽人际关系网络的行为人，这样有助于我们建立起类似的演艺人际关系网。

相反，如果我们尝试以一位只在少数几部影视作品中跑过龙套的无名演员为核心建立人际关系网的话，那么在第一层次我们可以寻找的数据链接太过稀少，必然制约他的人际关系网的密集程度。如果刘德华、成龙这样的影视巨星在其第一层次中，则可以保证我们仍能通过他的六个层次与其他演员建立起间接联系。但是，相对而言，从这些不知名演员出发的数据链的选择较为单一，他要实现对于后面层次中演员的影响几乎没有可能，分析从这些不知名演员出发的人际关系网络的影响力分布，其实意义不大。

第六章

六度思维中的借力使力

欺骗整个国家的小骗子

2014 年 10 月，西班牙媒体曝光了一个令世人难以相信的故事。一个年仅 20 岁的少年居然通过欺骗的方式混入了西班牙的上流社会，一度成为西班牙社交圈内炙手可热的红人，并成为无数西班牙名流乐于交往的对象，更成为众多西班牙人心目中的大能人，甚至成为西班牙国王登基大典的嘉宾代表。当骗局被警方最终戳穿后，这位欺骗了整个国家的小骗子也只能锒铛入狱，沦为阶下囚，把自己的青春年华交付给无情的铁窗生活。

当我们知道整个故事的来龙去脉之后，我们会发现，其实这位名叫尼古拉的小骗子的骗术并不复杂。小骗子尼古拉只是通过精心的包装，得以与一些高官、社会名流交往，再通过与这些名人的合影赢得更多人的信任，最终在西班牙的上流社会中打造出一个神通广大、法力无边的青年才俊的形象，最终成为整个西班牙的宠儿。

早在中学阶段，尼古拉由于偶然的机会被介绍到西班牙执政党人民党旗下的智库——社会分析及研究基金会，正是通过这个平台，他得以参与人民党的很多集会，积累了自己的社会人脉。此外，作为一名非人民党党员，他居然组织了一场有史以来规模最为庞大的18岁以下人民党青年党员的集会。更让他喜出望外的是，西班牙前首相、人民党的荣誉主席阿斯纳尔参加了这次集会，并发表了公开演讲。

正是凭借与阿斯纳尔在这次集会上的合影，尼古拉获得了敲开西班牙上层社会的敲门砖。有了这么一个重要的政治人员作为背书对象，当时才15岁的尼古拉一下子赢得了众多人民党党员，甚至无数西班牙国人的信任。毕竟能与阿斯纳尔平起并坐、共同协商国家大事的年轻人物并不多见，这也成为尼古拉骗局的重要起点。

另一个对尼古拉骗局起到重要作用的是曾任西班牙首相办公厅福利及教育事务处主任、时任社会分析及研究基金会秘书长的西班牙著名经济学家加西亚·勒加斯。2011年12月，他还当选西班牙贸易国务秘书，成为当时西班牙政坛的实权派人物。

借助在组织人民党青年党员集会中所表现出来的优秀组织能力和政治觉悟，尼古拉有意识地接近勒加斯，并逐渐赢得勒加斯的好感。在对外交往中，他始终把勒加斯称为自己的导师，这可就是鲤鱼跳龙门，一下子就攀上高枝了。

正是从接近阿斯纳尔和勒加斯开始，尼古拉不断地拿着自己与众多名人的合影去结交更多的政要、名流，而每一次又都主动提出合影。每一次新的合影又成为他在结交更多政要时的重要工具。就凭借如此简单的手段，尼古拉开始成为西班牙社交圈的新宠儿，他不断参加各种商界、政界的集会、酒会和谈判。在很长一段时间里，在西班牙的政治圈内，经常看到一大帮白发苍苍的老迈政商要员之中，却不协调地坐着一个不到20岁的年轻人，并与这些老资格的政商要员谈笑风生、相交甚好。

在与很多政商名流交往的过程中，尼古拉还有一个重要的小把戏，他经常向对方借用手机，以给对方传送文件为由获得这些重要人物的手机，并偷偷翻阅他们的通讯录，记下其中重要人物的号码，这又为他继续结识更多的重要人物创造了条件。

为了让别人相信自己的身份，尼古拉长期租借豪车、雇用保镖，并且伪造警笛故意闯红灯，一切的行为都让人觉得自己是一个拥有强大能力的政治新星。同时，他还以政府顾问的名义，到处吹嘘自己的神通广大，甚至是普京、奥巴马等外国政要的老朋友等。这使很多商人都自愿掏钱出来交给尼古拉，委托他为自己的生产经营提供各种方便。事实上，由于尼古拉逼真的演技，很多政商名流的确都愿意给尼古拉面子，他也的确帮助不少人解决了真实的困难，这也让越来越多的人选择结交尼古拉，从而助长了他的社会声望。

2014 年 6 月，前西班牙国王卡洛斯一世宣布退位并让位给自己的儿子，新国王菲利佩六世登基，成为西班牙的新一任国王。菲利佩六世的登基典礼总共只邀请了 2 000 名嘉宾，而尼古拉居然也以一名重要嘉宾同伴的身份参加了典礼，并与菲利佩六世握手合影，他的个人声望也在此时达到了顶峰。

就在欺骗了整个西班牙之后，尼古拉还想将自己的影响扩张到更为广阔的领域。然而，当他企图参加一次美国大使馆的酒会时，被不解风情的美国大使馆无情地拒绝了，而且外界也对他的身份产生了怀疑。这引起了警方的介入调查，并轻易揭穿了尼古拉的真实面目。

在我们看来，小骗子尼古拉的故事简直就是一段传奇。在没有任何助手或者同伙帮助的情况下，一个年轻的少年，甚至可以称为小孩，单单凭借谎言就蒙骗了整个国家。而如此低劣、简单的小伎俩，居然蒙骗了如此众多的见多识广的政商名流，让他们为之倾倒、被其利用，更是让包括西班牙执政的人民党、西班牙王室在内的众多政商要人惭愧不已。

当然，小骗子尼古拉的做法并不值得大家模仿，但显然，他是一个具有六度思维的社交高手，正是看上去没有什么新奇的六度思维帮助他有效地建立起了人与人之间的桥梁，确立了以自己为核心的无边无际的社会网络体系。

有能耐的人都是有本领的人？

前面关于小骗子尼古拉的故事引出来一个问题，在现代社会中，是不是有能耐的人都是有本领的人？有些人似乎觉得这个问题听上去傻透了，能耐和本领的意思不是差不多吗？有能耐当然就是有本领的意思了，它们都代表一个人能够完成其他人完成不了的工作啊！

其实，在笔者看来，尽管能耐与本领的意思很接近，但它们其实还有很多的差异。能耐更多地强调一个实际的效果，如你能够完成别人完不成的任务；别人做不好的事情，你能很高效、优质地完成。这些其实都是结果层面的评价标准。本领更多地强调你拥有别人没有的专业技能和知识水平，它主要是从个人素质和能力方面做出的评价。

在一般人看来，只有你拥有超乎常人的专业素质和知识能力，你才能取得不同于一般人的非凡事业。例如，世界首富比尔·盖茨自己就是一个非常优秀的程序员，在他年轻时就能一个人在家里憋出一套 BASIC 计算机语言，并且凭借自己对于计算机的超人感悟，带领自己的团队设计出了 DOS 操作系统和更为成功的 WINDOWS 操作系统，彻底改写了个人计算机的发展历史，创造出一个无比辉煌的 PC 时代。如果没有在计算机上超乎常人的天赋与能力，比尔·盖茨能够谛造出今天的微软帝国吗?

当然，除了比尔·盖茨，还有很多伟大人物的成功都是依赖于自身的能力与天赋。但问题是，能力与天赋是成功的唯一条件吗?

当我还是中学生时，在课余，基本是把时间花在了一些文学作品上，特别是一些经典名著之上了。作为一个喜欢胡思乱想的中学生，在读中国的古典四大名著时，我常常为书中的剧情设计而着急。

对于无数喜欢《西游记》的青少年来说，孙悟空绝对是儿时的偶像，他精通 72 变，一个筋斗云十万八千里，一个人扰得天庭天翻地覆；在上西天取经的路上，如果没有孙悟空的保驾护航，一百个唐三藏恐怕也让妖怪们吃了。你看，那唐僧没有本领不说，还耳根软，没事老冤枉孙悟空，而且观音还教了他一个紧箍咒，没事就拿孙悟空操练，使得空有一身本领的孙悟空明明看到妖精，也不敢打。要说本领，显然孙悟空的本领更大，唐僧除了只能用于孙悟空身上的紧箍咒，就没有第二项本领了；哪怕是紧箍咒，也是唐僧当上孙悟空师傅很久之后的事情了。凭什么让这样无能的人成为神通广大的孙悟空的师傅，还专门欺负孙悟空?! 可是，如果论及能耐，在这个西天取经工作小组中，人家唐僧可是大领导如来亲点的名正言顺的团队领导人和核心人物，而孙悟空最多就算一个业务骨干而已，两人的高下之分立现。

其实，除了《西游记》，其他三部古典四大名著也有类似的人物设计。在《三国演义》中，刘、关、张桃园结义，此后关羽和张飞就忠心跟着刘备打天下。在书中，忠勇无比的关云长过五关斩六将、温酒斩华雄，那是何等的英雄。而那猛张飞在长坂坡上一声大吼，喝断长坂桥，吓破夏侯杰肝胆，更是勇不可当。想那刘备除了假仁假义，摔了一次自己不成气的儿子阿斗，有借无还要赖借下荆州之外，似乎也没啥值得吹嘘的。为什么那么有本领的两位英雄要认一个没啥能耐的“狗熊”为大哥，一生都对他俯首称臣？更不用说，神机妙算的诸葛亮居然也听了刘备的话，甘愿辅佐他以及他那不争气的儿子阿斗。有时，我也曾想过，要是换了诸葛亮或者关羽这些英雄人物称帝，到底蜀国还会不会被灭掉，甚至拥有如此众多英雄人物的蜀国，能不能有机会统一天下？这也许是一个无人知道的问题了。

与《三国演义》类似，《水浒传》里的宋江也是极为懦弱无能之辈，天天光想着被招安、回去当官、安稳过日子，却把众多梁山英雄带上了绝路。在《红楼梦》中，贾府两房百十口人，居然任由一个女流之辈王熙凤当家做主，倒不是我有性别歧视，但想那王熙凤也不一定是贾府中最有本领的那一个吧？

令我们觉得奇怪或者郁闷的是，所有的中国古典四大名著都不是我们想象中的英雄人物成为最有决定权的一位，让所有有本领的英雄都能有发挥的余地，都能取得事业的成功。为什么总是那些看上去本领并不突出，似乎根本没有什么出众之处，至少与我们心目中英雄好汉的形象相差甚远的人成为掌握最大权势的人呢？套用我们上面的问题，为什么不是最有本领的人最有能耐呢？

事实上，前面所说的中国古典四大名著中的例子既不是纯粹的文学创作，甚至也不是罕见的特殊个案，而是在现实生活中常见的普遍现象。2014 年 9 月，凭借阿里巴巴在美国纽约证券交易所的上市，马云一举成为新的中国首富。令很多人愤愤不平的是，马云貌不惊人，也看不出有什么过人之处，据说当年连大学都没考上，也就是一个教师出身的平常人。别看他在互联网经济中搞得风生水起，但似乎也没听说过他有过什么互联网的专业背景，估计在计算机专业技能和程序设计方面，任何一个三流专业技术学校培养出来的计算机专业学生的计算机水平都比他高。那么，他凭什么能在中国的互联网经济中搞出那么大的名堂，赚了那么多的钱呢？

与马云类似，被我们尊称为“乔帮主”的乔布斯，尽管从他创建苹果的经历来看，似乎也有一些计算机背景，但与同一时代另一位互联网英雄人物比尔·盖茨相比，他的计算机专业能力就小儿科了，而且他的成功远比比尔·盖茨要传奇得多。在创建苹果公司十年后，在一场权力斗争中，他被逐出了自己一手创立的苹果公司，而他转而经营了一家动画电影公司并大获成功后，再度被苹果公司请回，成为挽救苹果公司于危机之中的救世主。而 iPod、iPhone、iPad 等一系列产品的成功更是奠定了他在信息经济中至高无上的地位，更把苹果公司推到了世界

市值第一的顶峰。

相比较而言，马云与乔布斯在专业技能方面似乎并没有太多特别出众的地方，可是为什么他们却能取得即使那些专业人士也无法企及的巨大成功呢？

其实，我们评价一个人有本领还是没有本领的标准有时过于单一，甚至狭隘。我们习惯于仅根据一个人所拥有的专业工作技能与知识能力来评价一个人的本领。实际上，除了这些我们能够看得见的技能，还有一些更加重要的本领，即一个人处理和应对人际关系的能力。

读者朋友应该很熟悉智商与情商这两个名词了，通俗地说，本领通常是指一个人的智商，是由他的天生智力水平和后天的学习经历所决定的一个人处理事情的能力。如果非要说高智商的人就一定有高素质或者高能力，那么现代社会上屡屡见到的高分低能的书呆子，就是在打持有上述观点的人的脸了。智商是一个人成功的重要因素，但绝对不应该把它视为成功的唯一因素。

20 世纪 90 年代，情商概念的提出在很大程度上系统地驳斥了智商决定成功论，而把一个人认识、控制和调节自身情感，实现自我激励，作为补充个人智力因素、促进个人成功的更重要因素。通过情商，人们可以培养自己学习与工作的兴趣，提升自己的投入程度，提高学习与工作的整体质量，也可以运用锲而不舍的勤奋精神弥补智力的不足，实现勤能补拙，还能调整个人情绪、减少自身受外界干扰的程度。

事实上，在作者看来，所谓的情商在很大程度上应该反映为处理人际关系的能力。我们往往喜欢用那些高分低能的事例来反驳智力决定成功论。所谓的高分低能，可能更多地强调个人拥有超乎常人的学习能力，却无法应用到实践之中，最后就像纸上谈兵的赵括一样，落得一个悲惨的下场。

在现实生活中，我们可以看到很多高校出来的高材生得到了名校的高学历，在校期间拥有骄人的成绩单，在学习和工作之中往往可以夸夸其谈、滔滔不绝，然而他们在遇到问题时，却一筹莫展、束手无策。他们通常缺乏独立解决问题的能力，同时往往过于自负，根本听不进别人的建议与劝说，不能与他人合作完成工作。有时，他们甚至希望将理论知识生搬硬套到具体的现实问题之上，却发现理论与现实的巨大差异，从而导致根本无法解决问题。从很大程度上说，这里所说的高分低能不是说这些拥有骄人成绩的高材生真的没有能力，而是缺乏处理好人际关系、发挥和利用好个人与集体智慧的能力。与其说它是一种情商，其实它更像由六度思维所决定的人际关系网络的组织和应用能力。

我们知道，根据六度分隔的思想，在以我们自己为中心的人际关系网络之中，我们可以通过人际关系的传导实现自己意图的间接传导，进而对不在自己直接联系之中的其他行为主体施加影响。如前所述，决定这种沿着个人交际网络链接进行传导的影响力大小，一方面取决于行为人社会网络的广度，也就是他到底拥有多大的社交网络，能够直接影响到多少社会主体；另一方面，还决定于他在直接社交网络之中的影响力强度，也就是他到底能对其他行为主体施加多大的影响力。强度与广度共同决定了一个人在自己的社交网络中的地位与作用。

在这样的社交网络中，个人的力量是微小的，集体的智慧是巨大的，哪怕是能力超群的个人恐怕也无法与庞大社交网络中所有相关者的合力相抗衡。也就是说，英雄无法对抗群众的力量，进而无用武之地。那么，决定一个人是否拥有强大的社会影响与能力的，其实并不一定在于这个人自身的专业能力和素质，而是应该看他对于自己社交网络的利用程度，或者说他对于以自己为中心的社交网络的影响程度。

就像前面的一系列案例一样，也许唐僧在降妖除怪的专业能力方面是根本无法与孙悟空相提并论的，但在以唐僧为核心的社交网络中，从天庭的玉帝到西天的如来以及观音都在唐僧的社交网络之中，都能为他所用。如果选择一对一的单挑，那么孙悟空显然可以轻松胜过唐僧。然而，由于唐僧对于自己网络联系人的巨大影响力，如果孙悟空要对唐僧下手，那么唐僧背后的众多神仙、观音、如来可都要站出来替唐僧撑腰。那么，哪怕强如孙悟空这样的超级英雄，在面对如此强势的集团军作战时，也不得不服输，甘拜下风。相比较而言，对孙悟空来说，唐僧唯一的优势就在于拥有一个他可以控制、可以利用的社会网络，或者简单地说，他有强有力的靠山，可以借力打力，化他人力量为己用；在任何时候，他都绝对不是一个人在作战，这就决定了他为师傅，而英雄的孙悟空只能为徒的命运。

与唐僧一样，通过乐善好施赢得“及时雨”美誉的宋江的优势也在于其名声背后，无数英雄好汉对其的顶礼膜拜、诚心拥待。那么，即使他没有林冲这样高超的武功、吴用的足智多谋、公孙胜的神通，但良好的群众基础正是他的核心竞争力，这也是其他任何一名英雄好汉都无法与之对抗的。既然所有梁山好汉都服宋江，他说话，大家都会服从。那么，哪怕武功盖世、英雄了得的卢俊义能够生擒杀死梁山前任首领晁盖的史文恭，他也根本没有机会如晁盖遗言般成为梁山好汉的首领，卢俊义缺的正是宋江这种一呼百应、引天下英雄竞折腰的超强社会能力。

同理，我们也会在《三国演义》和《红楼梦》中看到刘备与王熙凤的超高人气，他们的优势其实也是良好的群众基础，或者就是在自己的六度空间之中，对于自己社交网络的超强掌控能力。这样的道理，也许只有深刻理解六度思维后才能真正地体会。

小骗子尼古拉的确没有真材实料的超人本领，但他能够巧舌如簧，哄骗众多名人、政商领袖与他合影，并把他引荐给其他名人、替他办事，这种不断拓宽自己人际关系网络的广度，充分利用现有社会网络成员为己所用，保证自己对于人际关系网络成员的影响深度，才是他的看家本领。拥有如此强大的对于六度思维的领悟和利用，创下欺骗整个国家的奇迹，也就不足为怪了。

不算富翁的顶级富豪

对于熟悉美国经济发展历史的朋友们来说，约翰·皮尔庞特·摩根，也就是著名的J.P.摩根绝对是一个值得我们对之顶礼膜拜的成功人士。即使在今天，他所创立的摩根财富帝国仍是美国金融业的支柱，摩根士丹利在华尔街的众多投资银行之中排名榜首，而摩根·大通银行也在美国商业银行中名列前茅。

其实，尽管很多出生于20世纪六七十年代以后的朋友们并不了解摩根的传奇经历，但他们其实经常看到摩根的形象，因为在改革开放初期，我国的很多政治漫画中总有一个穿着礼服、留着小胡子的大鼻子资本家形象，其实这就是以摩根为原型绘制的。换言之，在很多人看来，摩根就是美国资本主义或者美国金融资本的象征。

尽管J.P.摩根的父亲是英国小有名气的银行家，但摩根顶多只算一个小富二代，根本谈不上大富豪。只是凭借敏锐的商业眼光和卓越的市场操纵能力，年轻的摩根很快就在华尔街声名鹊起，确立了市场领导者的地位。

1901年，摩根牵头组建了一个辛迪加财团，筹资4.8亿美元收购了另一位当时的顶级富豪安德鲁·卡耐基的钢铁公司，组建了美国钢铁公司，这也是当时史上最大的交易。顺便提醒一下，当时卡耐基是美国著名的钢铁大王，他所掌控的卡耐基钢铁公司的产量比整个英国所有钢铁公司的总产量还高。在一个多世纪以前，4.8 亿美元是一个无比庞大的数字，就在同一年，美国的联邦预算支出也只有 5.25 亿美元。当年，美国所有制造业的总资本为 90 亿美元，而摩根建立的美国钢铁公司的总资本就高达 14 亿美元。如果加上摩根同期掌控的通用电气、国际收割机公司等上市公司，说摩根掌控着整个美国的经济命脉一点也不为过。

当时，有一个非常著名的笑话，在美国的一所小学，老师问学生是谁创造了世界，一个小男孩坚定地回答："是上帝在公元前 4004 年创造了世界，不过，在公元 1901 年，世界又被摩根先生重组了一回。"他说的正是摩根收购美国钢铁公司的这段历史。

自此之后，摩根在美国已成为资本垄断者的代名词，更被认为是美国经济实际的掌控者。在那个时期，如果某人与摩根先生并肩走在一起，他就会立即名声鹊起、平步青云，能够被摩根看上或者能够与摩根为伍已成为那一时期最值得骄傲的事情。

在很长一段时期内，美国早期的总统们对于金融资本，特别是银行家有着强烈的顾虑、忌惮，甚至敌视。因此，在 1836 年，美国第七任总统安德鲁·杰克逊就坚决地关闭了当时的美国央行——美国第二银行。在此后的六七十年，尽管中央银行制度在欧洲已普遍建立，但在大洋彼岸的美国，却一直没有一个执行货币政策、监管全国金融市场发展、稳定经济增长的最高管理机构。

1907 年，一场多年不遇的金融危机爆发，美国的很多银行金融机构都在客户的挤兑之下走向破产，国内经济、金融秩序一团混乱。然而，此时的美国却没有一个能够印钞、向众多商业银行注资的中央银行来帮助它应对这场危机。因此，危机之中的美国只能像很多美国大片中描述的那样，期待某一名侠客挺身而出，救国家与民族于水火之中。实际上，扮演这位大侠的就是我们熟悉的 J. P. 摩根。

摩根凭借自己在美国金融领域的巨大影响力，把当时美国最重要的银行家都叫到自己家开会。然而，当所有银行家接到摩根的邀请并来到摩根家时，摩根只是把他们带到自己的书房，然后简单地对他们说，如果不能商量出挽救美国金融市场的办法，那么谁也不允许走。随后，摩根就走出书房并用沉重的大锁把书房的门锁上，自己一个人回到另一个房间，悠闲地抽着雪茄，开始玩自己最为喜欢的纸牌游戏。

"摩根先生，你为什么不告诉他们应该怎么做呢？"看到这紧张的一幕之后，摩根的助手询问他。然而，摩根很坦率地回答："因为我也不知道该怎么办，但总会有人能够想出一个解决问题的办法，那时我就可以告诉他们应该怎么办了。”

事实上，的确有人想出办法了。在摩根的领导下，当时美国所有的银行会员都选择使用自己在纽约清算中心的存款用于应对客户的提现需求，这相当于在当时的货币市场中增加了 8 400 万美元的货币供给，这已足以满足客户的提现需要了。与此同时，在银行之间通过使用各自在清算中心的存款凭证进行直接结算，而不是运用现金，从而大大减少了银行的现金支付压力。因此，在摩根的斡旋之下，一场严重的金融危机在谈笑之间灰飞烟灭。经此一役，摩根在美国经济中的地位更是无人能够动摇，就连当时的美国总统都在公开场合多次赞扬摩根挽救了美国经济。

正是通过这一次危机，美国政府开始认识到，不可能永远依赖摩根充当拔刀相助的英雄侠士，因此在摩根去世后半年，我们所熟悉的美国中央银行——美联储就成立了。可以说，正是由于摩根的去世，导致美国的经济、金融再也没有了依靠，反而推进了美国金融管理制度改革的步伐，催生了美联储。

既然摩根先生在当时的美国经济中拥有如此重要的地位，在他去世前十多年就能一掷千金，花 4.8 亿美元买一家企业，大家不妨猜一猜这么伟大的摩根先生大概能够拥有多少财富？

可能全世界的人都认为摩根当然身家不菲、富可敌国，应该拥有堪比美国政府的巨大财富。如果有人站出来，说摩根是当时的世界首富，相信也不会有太多的人敢提出质疑。然而，当 1913 年 3 月 31 日摩根去世之后，当世人清点他的遗产时才发现，摩根的全部财产只有 6 000 万美元；当然，还有大约价值几千万美元的艺术品。也就是说，摩根的全部身家可能不超过 1 亿美元。当时，另一位美国顶级富翁约翰·洛克菲勒在公开场合对此评价说，这么点财富甚至还不足以让摩根被称为一个“富人”。

然而，了解了上面的故事之后，想必大家都不会怀疑，摩根在美国经济中的地位远高于拥有更多财富的卡耐基或者洛克菲勒。为什么一名难以称得上是“富人”的摩根，能够拥有如此强大的社会影响力呢？

在我们一般人的眼界中，决定我们每一个人能力的是我们所拥有的权力或者所掌控的资源。在现代社会中，我们看到很多政府高官或者顶级富豪会拥有普通人没有的社会影响力，原因正在于此。掌握了权力或者资源，就意味着能够影响他人所获得的资源或者收益的分配，最终改变每一个人的利益关系，并以此诱导或者逼迫他们选择对自己最有利的行为方式。这就使得社会中的每一名相关人员都将因此而受到这些掌握权力或资源的权威阶层的影响。

当社会中的某个行为人掌握了权力或者资源，也就意味着该行为人将拥有更大的社会影响广度以及强度，然后建立起一个围绕他的巨大的社会交际网络，并通过人与人之间的传导力，向整个社会传输自己的意愿与影响。

事实上，决定资源配置的并不仅仅来源于每一名行为人所掌控的资源或权力，如果懂得借力打力，能够合理利用自己社交网络之中其他人的资源或权力，他们也能实现同样的社会影响，保证自己强大的社会影响力。

如前所述，收购卡耐基钢铁公司是摩根联合其他银行组建起一个庞大的财团而实现的；应对 1907 年经济危机，则是摩根领导全美国所有的银行共同采取的集体行动。在这两次事件中，摩根利用的并非只是自己的财产或者个人的资源，而是组织、协调、领导更多的社会资源为己所用，通过借力，实现自己影响的最大化。

神秘的中国武术其实有两个不同的路数，硬功讲究大开大合、刚猛攻击，自然需要强化练功者的自身功力，利用自己的强大力度直接击溃对手。而像太极这样的柔功则讲究避实击虚，就着对方的拳势借力使力、四两拨千斤，化解对方的攻击，最终实现以柔克刚。

如果我们在工作、学习之中只懂得发挥自身资源，其实就像中国武术之中的硬功，固然打铁还需自身硬，必须靠自己的真功夫，但它对于行为人的自身能力、素质也提出了更高的要求。如果自身修行不到位，那么事倍而功半，无法达到自己所设想的目标。

如果懂得借力，学会像摩根这样利用外部资源为己用，懂得借力打力，在为人处事方面协调好人际网络中不同交往对象的资源，反而能够摆脱自身能力与素质的束缚，实现一种跨越式的能力增长，这才是六度思维的真谛。

即使伟大如牛顿，也承认自己是站在巨人的肩膀上，坦承前人的研究对于自己提出万有引力和三大运动定律的巨大基础性作用。如果不懂得借力，那就意味着我们不能直接运用各种已取得的发明创造，而是自己去重新研究、发展，乃至重复发明。这是一种资源的浪费。

当我们处于一个广阔的社会网络之中时，我们面对的也将是为数众多的交际对象，也许我们接触的每一名社会对象的能力与需求都不同，但相信总有些人会存在明显的互补性。如果我们能够利用好自己与这些存在互补性的交际对象的关系，协调资源在整个社会网络之中的优化分配，就能最大限度地提高我们的社会能力，扩大自身的社会影响，建立起更为庞大和有效的社会网络。

我们总会讽刺狐狸的狐假虎威行为，但作为一只狐狸，明明知道自己的能力不足以威慑山林，但自己却能化老虎的威名为己用，充分利用老虎在丛林中的地位，提升自己的社会地位，扩大自己在丛林中的话语权，这明明是弱者最为有效、最为理智的选择。

哪怕你本身就是整个网络中最强大的强者，你的能力远超同一网络中的其他社会主体，但你一个人的力量不足以对抗整个网络。因此，选择借力同样是一个不错的选择。

从上述方面来说，学会整合资源、懂得借力、能够化他人之力为己用，这是六度思维在现实之中非常重要的一个启示。

第七章
圈子的价值

六度分隔，还是万度分隔?

在本书的一开始，为了介绍人与人之间的间接联系，笔者介绍了自己参加一些经济学学术研讨会，并在会议期间结识其他学者的经历。可能令很多读者朋友们想不到的是，在绝大多数情况下，在参加这些学术会议时，即使是遇到一些初次打交道的国内学者，但通过彼此的自我介绍与沟通，往往只需要几分钟时间，我们就能彼此找到共同的熟人。也就是说，通常只需要通过一个，最多两个中间联系人，笔者就可以在一些学术会议中与很多初次见面的专家、学者找到共同的联系，拉近彼此的关系，从而为双方进一步的沟通扫清障碍，根本不需要六个层次之多。

笔者的经验似乎是在某种程度上否认了六度分隔的科学性。的确，按六度分隔的观点，我们人与人之间应该隔着不多于六层的联系。如果只隔一个人的话，那么我们之间的层次应该是二，尽管二也符合六以内的需要，但从数值来看，二与六的差异是相当明显的。

如果不需要对于这种人与人之间相隔的社交层次进行相对精准的界定，那么按同样的逻辑，我们完全可以给出一个更为庞大的数值，比如说一万。笔者就此创造出一个万度分隔的新理论，指出世界中任意两个人之间最多只会相隔一万层关系。

按照我们的感觉可以判断出，在通常情况下，任意两个看上去毫无共同之处的人都可以通过一定数量的中间联系人形成联系，无论他们之间相隔的数值是六，或者是七，甚至是更大的数值，在正常情况下，这个数都不会大于一万。也就是说，笔者胡乱编出的万度分隔其实是具有一定科学依据的。但是，如果人与人之间的真实距离与结论所说的一万相差巨大的话，这种看上去具有科学根据的观点，其实是毫无实际价值可言的废话。

如前所述，所谓六度分隔之中的六，只是通过抽样调查得出的一个初步的数理统计结果，而且这一数值通常会伴随现代科学技术的发展与高效通信网络的建立所带来的人际交往面的拓宽而持续减少，因而并非一个恒久不变的常数，而是一个逐渐减少的变量。也许在四五十年前六度分隔刚刚提出时，我们通过数学统计的手段测度出任意两个人之间的联系大致是在六层之内，那么在五百年前，也许这个数值至少是十，而再过二三百年之后，也许我们只需要四至五层的间接联系，就足以串联起全世界的所有人了。

问题是，即使根据我们的主观感觉，但笔者所说的只需通过二层就可以形成两个陌生人之间的联系，也让人感觉低得不够真实。可是实际上，笔者的经验表明，在所有的会议中，与会代表之间通过二至三个中间人完全可以形成间接联系。难道说，我们应该就此得出一个二度分隔的新理论吗？

我相信即使不需要笔者过多地解释，很多朋友也能从笔者上述的逻辑中找出问题的所在。笔者所说的在这些学术会议中所遇到的陌生人，并不是我们逻辑之中完全没有联系、没有任何关系的在马路上偶然碰到的陌生人，抑或地球上不同国籍、不同人种的毫无任何联系的陌生人。既然我们参加同一个学术会议，想必我们研究的领域存在较大的相同之处，最起码的相似之处是，我们都是研究经济问题的学者。既然研究领域存在相同之处，那么在长期的学习、交流之中，我们彼此打交道的机会是很大的，也许我们都读过对方的论文或者著作，关注过对方的研究成果。因此，即使我们在现实之中彼此并没有面对面的交流，但对于很多与会代表的名字，我们实际上并不陌生。这种由于研究领域的接近所带来的彼此关注度的提升，自然能够更容易地建立起两个对对方名字或者研究早有所闻，却从未有机会碰面的人之间的联系。

此外，根据一般的经验，参加这种学术会议的代表通常都是高校的教师或者研究所的专业研究人员，所有代表都拥有相同或者相近的工作岗位，在一些高校系统内的学术活动或者交流活动之中往往也会拥有更多的碰面机会，或者认识彼此高校内知名学者的机会，自然更容易通过一些特定的中间联系人形成彼此之间的联系了。

我顺便提一次非常巧合的经历，国内的某知名高校曾经举办了一次规模并不大的学术研讨会，因为与笔者的研究领域非常接近，因此笔者也提交了一篇论文，并有幸被纳为会议代表，参与会议并受邀在会议上发言。然而，由于学校中一些工作的羁绊，在会议前两天临时决定放弃参会，最终遗憾地错过了这次学术会议的交流机会。

然而数天后，一位曾是笔者硕士研究生时期的任课教师，同时也是目前同事的老师在碰到我时，询问我为何没有参加这次会议。原来他也应邀参加了这次会议，并在会议议程中看到了我的名字和发言的安排，但没看到我本人的身影，所以顺便询问了一下。

在闲聊中，这位参加会议的我硕士阶段的老师提到，他在参会时遇到一位南京大学的博导，因为正巧他本科毕业于南京大学，而且又是并不太常见的在北方工作的江苏人，因此这位硕士时的老师很自然就提到了我的名字。巧合的是，这位南京大学的老师也正好认识我，因为他是我当年的班主任，而且我是他当年到南京大学工作后带的第一届学生，因此相对而言，给他也留下了很深的印象。

上述故事似乎已经很巧合了，更巧的是，我的硕士时的老师告诉我，在这次会议中还看到了我博士阶段的导师，他碰巧也接受了这次会议的邀请并参加了这次学术会议。也就是说，只是一次规模不超过百人的经济学主题学术会议中，居然同时集中了我本科、硕士、博士三个不同阶段的三位老师。当然，如果我没有选择放弃这次会议，我将有机会同时碰到自己在三个不同阶段的老师，并能与他们举杯再叙旧时师生情谊，这将是一次非常机缘巧合的碰面，错过这样的机会，也的确是一件非常可惜的事。

当然，造成上述机缘巧合的一个很重要因素在于从本科、硕士到博士，我始终选择经济学作为自己的专业方向，尽管是在南京、天津和北京三个完全不同的城市完成了自己不同阶段的学习经历，但无论是哪一个阶段，在我的生活、学习之中，所有与我接触的老师、专家，甚至包括很多同学、朋友，基本都是完全相同的研究经济学的学者，都是一个很小的经济学研究圈子内的人士。这样，拥有共同圈子的不同阶段的老师、同学、同事的社会交际网络，自然也会拥有更多的相交之处，也就容易造成上述的巧遇。

相反，如果我在多年的求学过程中多次转换专业，比如本科学管理、硕士学法律、博士再学经济学，那么每个阶段的学科专业都不一样，因此各阶段生活圈子相交织的部分就会小得多。在这种情况下，我要想在一次学术会议中遇到所有阶段的联系人，估计就困难得多了。

相交织的人际关系网络

我们在分析人际关系的传导性时，往往没有考虑不同人人际关系网络相互交织的复杂性。我们通常只会考虑，我的人际关系网络中拥有 100 个人，那么我能够对 100 个人施加影响。如果我的人际关系网络中的成员各拥有一个包括 100 个人的人际关系网络，那么我的影响力将可以扩张到 100 乘以 100，也就是 10 000 个人。但是，我的人际关系网络中这 100 名成员所拥有的人际关系网络，既可能与我本人的人际关系网络不相交，也可能彼此之间存在交集。

例如，A、B、C 三个人都在我的人际关系网络之中，但 A 和 B 也在 C 的人际关系网络之中，那就意味着通过 C 可以再回到我的关系网络成员，与其通过 C 利用二度分隔联系 A、B，不如我在自己的人际关系网络中直接形成与 A、B 的联系，这样既可以缩短人际关系网络的距离，也更有利于行为人的影响力传导。

同时，可能 A、B、C 同在我的人际关系网络之中，而 D 虽然不在我直接可以联系的人际关系网络之中，但他是 A、B、C 共同的朋友，也就是我可以通过 A、B、C 中的任一位间接联系上 D。尽管同样是二度分隔，但在影响力传导路径的选择上，我可以拥有多种不同的选择。正如前文刘德华指数案例说明的那样，尽管吴秀波与刘德华之间没有直接的联系，但通过曾志伟、汤唯和姚晨等明星，我们拥有多种不同的选择，帮助刘德华与吴秀波形成间接的联系。

众多行为人在一起活动，其实就是构成了各人的交际圈，每个人往往都会在自己的交际圈内与所有圈内成员进行各种具有交互性、双向反馈机制的人际往来。每一个交际圈，对你而言，是你的交际圈，而对圈内的其他成员而言，同样是他们的交际圈。对整个交际圈内的所有成员而言，你们的交际圈不仅是重叠的，甚至可以视为一种资源的共享机制。同处一个交际圈内的不同成员之间的日常交往之中，往往也会伴随信息、经济资源、社会资源的分享与互助，并由此形成了对圈内成员的吸引力与凝聚力，保证了圈子的稳定性。

所有的人际交往圈往往都在人与人之间的日常生活交往中形成与发展而来，因此在现实生活之中，如果一位社会成员与他的朋友在工作、生活、学习的交际圈交织得越多，往往他们就会拥有更多共同的朋友，也更容易被同一个社会交往圈所吸纳，并进一步巩固圈内成员之间的关系。

值得注意的是，尽管每一个人都生活在一个特定的社会环境之内，按道理会形成一个明确的，而且是独一无二的社会交际圈，毕竟不可能有任何一个人会与你从小到大在完全相同的环境内生活，从而导致你们的生活完全交织，不存在任何对另一个人封闭的私人空间。哪怕是传说中具有心灵感应的双胞胎，即使他们生活在同一个家庭，甚至从小到大都在一个班读书，也会由于平时生活之中个人爱好或者社会交往的差异，产生与对方不同的交往对象，形成自己独一无二的社会交际圈。

然而，在日常生活中，我们所说的圈子并非特指伴随着某一个人的成长而发展出来的、他所交往的所有对象的组合，或者说，仅仅代表一个人一生之中所有的人际交往关系。这样的差异化圈子对于他人而言，并不具有真实的价值，我们所关注的往往是人与人之间由于共同的社会交往而产生的交际圈重合，以及由一些相对固定的社会成员之间的交往行为所建立、巩固与发展而来的人与人之间的交往行为。

因为我们每一个人在生活之中都会拥有丰富多彩的生活，从而会在不同的领域、不同的层次，产生对于不同固定社会成员的社会往来关系，以此形成若干个相对固定的圈子，比如同学圈、同事圈、亲人圈，甚至再具体为中学同学圈、大学同学圈、在某一个单位的同事圈等。

每一个社会成员可以同时身处多个不同的圈子，而每一个圈子都代表着他某一个方面某一个层次上的社会交往，所有圈内的社会交往行为才最终形成一个人的整体人际关系网络。

每一个社会主体都可以向自己的人际关系网络之中的其他成员施加影响，并由这些网络中的成员再利用自身的人际关系网络，把自己的影响向其他社会主体进行传导，由此形成我们所说的六度分隔。然而，这种影响的传导往往是一种跨界传导，即同时在多个不同的圈子内平行传导。当然，对于一个社会主体而言，由于社会交际活动的交叉进行，他的不同圈子内可能会具有共同的成员，比如某人既是他的中学同学，也是大学同学，甚至又是同事。这样，他们就会在三个不同层次的圈子中产生交集。

对身处人际关系网络中心的社会行为人而言，由于他所处圈子的重合性，很可能他对于不同圈子所施加的影响反而在自己的关系网络之中形成回流，最终通过自己紧密联系的行为人传导到边缘人物，最后又通过某种人际关系的传导，传回身处核心区的某一行为人。这也使得行为人的影响力在以其为核心的社会交际圈的传导其实具有明显的随机性和复杂性，并非像我们想象的那样，只是简单的由亲近到疏远、由核心到边缘的类似于太阳辐射一样的扩散，而是呈现出一种更不规则的传导方向，这种随机游走机制也导致人际关系的联系变得更加复杂。

MBA 进修缘何成为高级婚介所

2012 年，国内知名的房产大亨王石被媒体曝光与他的 MBA 同学、演员田朴珺相恋。这一新闻很快就引爆了国内财经界、演艺界，从而成为媒体关注的焦点。田朴珺毕业于中国明星的摇篮——中央戏剧学院，从 2003 年开始，她就开始参演一些影视作品，但与她的很多早已成星、成腕的同学相比，长期以来，田朴珺一直只是扮演一些小角色，在很多影视作品中也就是跑跑龙套。尽管她的作品不少，但为人称道的却不多，能够给人留下深刻印象的角色也不太多，因此没能在影视圈内大火特火。

2006 年，到长江商学院学习传媒管理，成了田朴珺人生中的一个重要转折点，因为在长江商学院她认识了王石，并赢得了这位商业领袖的爱慕之心，而后被媒体曝光于 2014 年 3 月在纽约低调领证完婚。正是由于她与王石的爱情经历被众多八卦媒体热炒，更让她生平第一次吸引了众多媒体的眼球，从而在演艺圈声名大振，并使她的职业生涯上了一个新的台阶。

正是得益于与王石恋情产生的社会关注，以及作为商界领袖的王石在资金与人脉上的支持，一直只能演一些龙套式小角色的田朴珺得以在 2012 年热播剧《后宫甄嬛传》中扮演重要角色，并成为 2013 年热播电影《中国合伙人》的制片人。田朴珺已经完全走出了演艺生涯的低谷，在演艺与商业领域齐头并进，打造出一名成功商业女强人的新形象。

就在王石与田朴珺的绯闻闹得满城风雨之时，王石的老朋友、另一位地产大亨潘石屹也被媒体曝光婚外情，巧合的是，他的绯闻对象也是他在长江商学院的同学俞扬。一时之间，长江商学院被众多媒体戏称为娱乐圈美女成功转型女富豪的最佳场合。入读长江商学院、搞定某位顶级富豪当自己的老公，已成为无数梦想麻雀变凤凰的娱乐圈美女的成功之道。

具有讽刺意义的是，作为国内名声最大、也是收费最高的商学院，长江商学院真正引起媒体关注的，不是它们培养出了哪个伟大的成功企业家，而是成为商界成功企业家结识娱乐圈美女、制造社会绯闻的发源地。而田朴珺和俞扬的经历，更是刺激了更多的经济条件或社会条件平平的人群，砸锅卖铁也要筹集近百万元的学费，以求像田朴珺她们那样，能够在学习期间发展具有超强能力的同学资源，从而麻雀变凤凰、鲤鱼跳龙门，帮助自己实现自身职业生涯的飞跃。

在很多人的想象之中，像长江商学院、中欧商学院这样的国内顶级商学院的课程设置和教师队伍应该都是顶级配置，商学院的课程应该具有极高的质量，能够让学生学到现代企业管理所需的很多重要知识。

实际上，对于绝大多数选择商学院学习的朋友来说，上课其实只是他们的副业，到底是哪位顶级著名学者给他们上课，讲的课又是如何的生动，融趣味性和知识性为一体，对于很多选择商学院学习的朋友而言，并不是他们考虑的最重要因素。而绝大多数入读 MBA 的人们，是把提供 MBA 教育的商学院视为开拓自己社会人脉、获得一个接触高端和高能人士的平台。

对于那些平时根本没有机会接触高级政府官员或者顶级富豪的平常人而言，哪怕我们天天跟在这些富豪屁股后面，像粉丝一样大喊“土豪，我们做朋友吧!”估计那些高层人士也不会抬头多看我们一眼。与之相比，对于众多普通人而言，花费百万元就能与这些高端人士成为同学，在一起共度数年，慢慢培养感情，建立浓厚的友谊或者同学关系。显然，这种人脉资源是难以用资金来衡量的。

田朴珺和俞扬的经历已充分证明了一个人人皆知的道理，像长江商学院这样的国内顶级商学院到底能为学员们提供什么专业教育其实并不重要，它们真正的价值就在于为学员们提供了具有强大资源调配能力的高端人际圈，可以实现自身能力在这些高端人际圈内的传导与扩散。

在我们看来，是否接受在职研究生教育或者接受哪一所学校的在职研究生教

育，更多取决于自己能否从这些在职学习中学到真正可以应用到工作实践中的知识或者技能。因此，决定不同在职研究生教育优劣的应该是各学校的教育质量，以及决定教育质量的师资力量。然而，在很多MBA、EMBA的招生宣传中，我们会发现：它们宣传的不是自身的师资力量，而是宣传自身生源质量的优异，比如每年会有什么级别的富豪、什么级别的政府官员入读自己的商学院。似乎反倒是学生自己才是决定这些学校招生吸引力的根本因素，这恰恰反映了上述教育思维。

我们可以看到，像中欧商学院、长江商学院等国内知名院校，它们在每年招收MBA学员与EMBA学员时，会有意识地把来自政府的中高级官员与企业界的高级管理人员的比例进行适当控制。这样，很多人在报考这些学校的MBA时就将知道，如果能够入学，那么自己的同学不是手握重权的政府官员，就是财大气粗的知名富豪。这也意味着，无论是官员还是企业管理人员，入读这些院校的MBA，可以打造一个新的交际圈，结识并且得到这些掌握大量资源的同学的帮助，将能为自己未来的事业插上腾飞的翅膀。如此而言，对于在就读MBA时自己是否能够学到东西、老师讲的课到底是否对自己的工作真有帮助，反倒不那么重要了。

在我们看来，国内MBA教育重视生源质量而非师资质量的发展思路，似乎是买椟还珠、本末倒置的错误选择。然而，对于国内众多选择就读MBA的人士而言，重视并合理利用好MBA教育过程中所形成的人脉资源，扩大自身的人际交往范围，开拓自己社会交往圈的经济价值，却是在国内MBA教育长期发展过程中所形成的最现实、最宝贵的认识。

正是因为MBA与EMBA等在职研究教育帮助掌握行政管理权的政府官员与拥有大量经济资源的实业富豪搭建了一个交往的平台，推动了他们之间的非公开交往与资源互换，反而使得MBA、EMBA等在职研究生教育被视为推动官员权钱交易的交往平台。这也是为什么十八大以来，中央政府已开始着力打击政府官员利用公款接受类似于MBA或者EMBA等在职教育违规行为的根本原因了。

除了上述成功的企业家或者希望与众多企业家建立良好联系的商界人士之外，政府公务员其实也是我国攻读MBA等在职学历的主要群体。如果我们关注一下国内很多领导干部的简历，就会发现：特别是在一些高级别领导群体中，硕士、博士已比比皆是，本科层次似乎已经成为最为基础、最为低层的学历水平。当然，这种现象在很大程度上反映了现代中国领导干部的知识化、专业化的发展趋势，也是国内领导水平持续提升的一个重要标志。但是，对于很多领导干部而言，取得更高的学历层次也是自己向更高层次发展的重要基础和动力。

也许有些朋友把上述观念理解为学历越高，就越容易获得提拔。其实，这完全扭曲了现行的组织原则和管理制度。如果是简单的唯学历论，中国每年毕业的博士数量已接近 6 万人，这个数目甚至都已超过了大家心目中大学数量最多、教育质量最高的美国。如果按照上述的唯学历论观点，那么这些已取得最高级别学历水平的毕业生，应该是中国组织发展与任命的重要目标。实际上，随着博士数量的持续增长，即使是博士毕业想考取公务员也不是一件易事。少数考上公务员岗位的幸运儿，基本都是在一些科级、副科级的行政级别上开始自己的政治生涯，他们的起点固然比本科或者硕士生要高了一些，但在现有的行政管理模式下，他们再想向上一级都非易事，更不要妄想仅仅是因为他们取得了博士学位，就能像古代考取状元或者至少考取进士一样，在仕途上平步青云、逍遥直上了。

对于很多公务人员而言，读取更高学历，与其说是提升自己的专业能力和综合素质，为自己未来的发展奠定专业基础，倒不如说是为了拓宽自己的人脉，扩张自己的社会交际圈，获得新圈子所赋予的经济资源和行政资源，提升自己在新圈子内的影响力，为自己的发展奠定人脉基础。

随着我们社会管理体制的不断完善，不同行政部门之间的分工已日臻精细化和专业化，像我们看的一些古装剧，一个县衙门只需要一个县令、一个师爷，再加上几个衙役就可以运营起来了。而现代看任何一个县市，都有四套班子，加上各个职能部门，其人数至少千人，甚至万人。看上去，现代行政体系比起古代要膨胀很多，甚至被很多人视为需要精减机构的理由。

事实上，尽管国内很多地区的行政部门的确存在机构臃肿、人浮于事、效率低下等现象，而压缩行政职能、精简机构、提高行政管理效率正是十八大以来中央政府行政改革的主导思想，但我们必须看到，现代的行政机构之所以膨胀，很大原因是由于现代政府行政职能的精细化，每一个行政部门的每一个岗位其实都有非常具体的管理职能。在现有的管理体制下，每一个岗位都有存在的理由和需要。如果不像十八大以后，中央政府以压缩政府行政管理职能为抓手，逐步减少行政部门对于经济与社会的干预，把更多的权力交还给市场的话，为了精简机构而精减机构，只会导致有些职能无人肯做、某些岗位的工作忙不过来，更会导致行政管理效率的进一步下降。

由于当前各个部门行政管理职能的精细化设计，导致每一名公务人员就像

《摩登时代》中卓别林的形象，他们每一个人只负责一个非常小的事务性工作。这种精细化的职能设计模式，尽管保证了工作的专业化和熟练性，然而这些过细的分工也使得每一个人都被拘束在自己所处的小环节，根本没有机会接触更多的复杂事务性工作。这就好像卓别林演的工人在《摩登时代》中只负责单调拧螺丝，最终引起了严重的职业倦殆，进而影响行为人行政管理职能的推行和实施，而精简政府职能、减少政府对各个社会主体的干预，才能最大限度地压缩现代经济中的政府机构设置。

由于每一名政府官员在成长初期都被局限在一个非常具体的行政岗位上，这才导致他根本不可能熟悉、了解其他岗位和机构的具体职能，反而导致自己无法产生集体影响和整体思维，眼光只盯在自己的一亩三分地之上，这自然也就约束了这些政府官员的成长空间和发展机遇。

选择在职读取研究生，为这些政府官员提供了一个与其他工作岗位上的政府公务人员或者掌握其他社会资源的人士接触的机会，等于为他们开创了一个新的交际平台，也就是打造了一个新的交际圈。通过同学、校友甚至师生关系建立起来的这个新圈子，能够为这些选择在职攻读学位的政府官员打开一扇新的窗户，使他们有机会接触在原有的工作岗位或者交际平台之中根本没有机会构建起来的人脉关系，这为他们政治生涯的延续及进一步提升创造了新的机会。

圈子在某种程度上代表了一种生活品质或者社会层次，国内的 MBA 收费之所以像坐上火箭一样飞速上涨，原因就在于 MBA 招生要通过高收费来淘汰无力承担高昂学费的低端生源，而把有限的生源名额留给那些能够承受 MBA 高昂学费，掌握更多经济、社会资源的人士。而更多的手握资源的 MBA 生源质量，反而对 MBA 的潜在生源产生了更大的吸引力，刺激他们付出更多的代价，以获得 MBA 的入学资格。

对于很多实际上并不拥有惊人的身家财产或者高高在上的政治地位的人而言，他们宁可砸锅卖铁，也要四处凑够 MBA 的学费，帮助自己完成 MBA 的学业。刺激他们的因素，不是对于知识的渴求，而是对于 MBA 同学资源的渴求，他们希望通过就读 MBA 来帮助自己开拓社会人脉，实现事业的飞黄腾达。

与 MBA 教育类似，在国内很多城市都有一些收费极高的俱乐部组织。一方面，它们能为俱乐部成员提供各种细致入微的专业化服务；另一方面，它们往往也会组织众多俱乐部成员的聚会或联谊。如果按我们一般人的眼光看来，这些俱乐部提供的服务固然周到，但它们的收费更加高端、大气、上档次，似乎性价比并不高。实际上，这些俱乐部也是按照 MBA 教育的思维模式进行运营的，它们所谓的高收费只是淘汰低端客户的一种手段。这些高端俱乐部的真正目标并不是服务高端人士，而是着眼于为高端人士提供开拓人脉资源，促进他们结识新的、拥有超强社会影响力和资源配置能力的高端人士。

对于这些俱乐部而言，它们能够为俱乐部成员提供什么样的服务并不重要，它们能够吸引什么样的会员才是其竞争力的关键。比如一家俱乐部一年收费数百万元，但只为会员提供免费的纯净水饮用，你愿意加入吗？相信几乎百分之百的人的回答是“NO”。

但是，我再告诉你，像比尔·盖茨、沃伦·巴菲特、马云、王健林等国内外知名商界领袖都是我的俱乐部会员，而且他们每年都会出席数次由俱乐部组织的会员活动，只要你成为俱乐部会员，那么你每年都会有多次机会与这些顶级富豪面对面共处，共同商讨行业发展与企业运营的相关问题。

如果现在再问你同样的问题，你会如何回答？相信国内愿意花数百万元加入这个俱乐部的高端人士绝对不会在少数。尽管从俱乐部的实质性服务质量来看，前后并没有任何的差异，但由于它所能提供的人脉价值不同，对这个俱乐部来说，更为核心的是由这个有形的俱乐部建立起的一个人际交往的圈子，这就是圈子的价值。它的力量与价值是金钱难以准确衡量的，而它的价值在每一个人的心中始终存在。

投名状背后的圈子文化

熟悉《水浒传》的朋友们，肯定还记得林冲被逼上梁山的故事。小说中的一个情节设计，更让人对英雄一世的 80 万禁军教头林冲的遭遇顿生同情。由于林冲的本领太大、名气太响，当时的梁山头领王伦对他心生顾虑，担心他会篡夺自己在梁山的领导地位，因此故意刁难林冲，让他递交投名状，也就是要林冲下山去杀一个人，以证明自己投靠梁山的决心。

可怜的林冲在山下苦等多日，因不忍滥杀无辜，一直到了王伦限定的最后期限，也就是第三天才终于等到了武功同样高超的青面兽杨志，两人一番缠斗，仍是不分胜负。好在王伦通融，才使林冲得以破格加入梁山。

最令读者对林冲心生同情的是，林冲似乎是整个梁山中唯一一名在加入梁山之时被要求递交投名状的英雄，无论是此前梁山原有的头领，还是随后依次上山的众位英雄，特别是以仁义著称江湖的宋江当上梁山大头领之后，这种带有刁难意味的投名状制度也就自然废止了。

在小说中，所谓的投名状其实是要求当事人下山去杀一个人，让他成为真正的杀人犯，背负不可饶恕的死罪之后，自然就不会再背叛梁山，转而去官府告密、出卖梁山的诸位英雄。毕竟身背杀人重罪，即使被招安，估计也是死罪可免、活罪难逃，也得落个充军千里、发配边疆的命运，哪里比得上在梁山大块吃肉、大碗喝酒自在。

2007 年，著名导演陈可辛根据清朝四大奇案中的“刺马”案，拍摄了电影《投名状》，影片中的三位主角曾经亲如手足并共同结拜，许下同生共死的誓言。然而，兄弟之情在权势与美色的夹击之下，显得那么的脆弱，最终影片在三兄弟的自相残杀之中划上一个沉重的句号。

当然，电影《投名状》只是借用了《水浒传》中的投名状之名，而用兄弟结拜的誓言反映男人之间的相惜、相敬到相恨的复杂心理，并没有涉及滥杀无辜，向组织或者他人表白自己的决心与忠心的原始意义。

实际上，如果能够理解六度思维之中的圈子文化，我们就能更为清楚地理解投名状的真正意图。对于生活在一个庞大社会体系之中的每一个具体人而言，在他们的身边，根据不同的社会活动内容，往往会产生多个不同的社会交往圈子，也就是一个人往往可以同时身处多个不同的社交圈之中。

例如，我们看到很多演艺明星现在基本都在玩综合实力，讲究影视、歌舞、主持多项全能，闲来无事，还能再写写随笔，撰写一下个人传记，出几本书，玩一下票，充当一下作家、文豪。也就是说，似乎在现代社会中，每一位大明星都是跨界英雄，同一个人既能够在影视圈，又能够在音乐圈，还能在文化圈内打拼，纵贯多个领域，却能上下通吃、内外兼修，真是令人心生佩服。

然而，我们看到的很多现代企业也面临着专业化与多元化两种完全不同的战略选择，一些企业选择深耕自己的传统优势领域，充分发挥自己在特定领域的品牌影响力，逐步建立起自己的行业领导地位，而另一些企业则选择玩就玩个全能，它们将自己的经营扩展到不同的产品类型、不同的产业部门，希望发挥集团军作战的效果，在多条战线全线推进，以扩大自己的市场影响力。

其实，上述的专业化与多元化只是现代企业的两种常见战略选择，并不代表哪一种战略更科学或者哪一种战略就是绝对的错误。但是，我们发现：专业化战略固然可以动员、集中自己的有限经济资源，夯实自身的市场基础，巩固自己的竞争地位，但选择把鸡蛋放在同一个篮子里，一旦相关产业发生剧烈的变化，企业恐怕就没有了任何应对的能力。

多元化看上去是更多企业最乐于选择的发展战略，然而，如果盲目进入一些自己根本不了解、不熟悉的产业部门，必然会降低自己资源投入的实际效果。特别是在企业的人力、物力既定的情况下，当企业选择眉毛胡子一把抓，把经济资源投向多个不同的产业部门之时，在原有优势领域的资源投入必然会被极大地削弱，这其实就犯下了两个拳头打人的错误，结果更容易导致各个领域都做一些，可是各个领域都做不好，反而影响企业在市场中的竞争力。

同理，每一个人其实都可以活跃在不同的社交圈之中，如果他选择同时在不同的社交圈中活动，这其实是在削弱这个行为人在每一个社交圈中的活跃程度和影响力。每一个人的时间与精力都是有限的，当你选择同时参与多个不同社交圈的活动之后，也就意味着行为人在每个社交圈的活动程度和社会影响力都无法保证。即使你能够左右逢源，同时活跃在多个不同的社会群体中，但由于受到投入水平的制约，想必你在每个社交圈内只能浅尝辄止，而社会地位与影响力水平自然也就无法保证了。

投名状的真正意图其实是以一种制度性的约束条件，强行隔绝行为人在某些特定领域的人际关系发展，而把他强行挽留在某一个特定的领域之中，以加强该行为人在这个独一无二的社交圈之中的影响力和控制力。

在王伦看来，像林冲这样长相英俊潇洒又武功盖世的人，无论在哪儿，都会很受欢迎，自己的梁山庙太小，即使他现在失势而选择到梁山，一旦哪一天翅膀硬了，别的庙想要挖他了，梁山恐怕根本挽留不住这样的盖世英雄。与其明知道留不住林冲，还是选择把他收留下来，结果林冲在这边三心二意、不肯好好替梁山服务，而是整天在不同的圈子之间权衡，选择对自己最有利的圈子，那么留下林冲的做法最终只是替他人做嫁衣裳，还不如直接回绝林冲的入伙申请更为省事。

当然，如果想让林冲死心塌地地效忠梁山，一个最简单的办法就是前面所说的投名状，通过一种自我毁灭的行为，向其他圈子表明自己已经身犯重罪，不可能再回归正常的世界，也根本不可能再跳入正常的人际交往圈，而只能把他限定在与朝廷对抗的绿林之中，这样就可以最大限度地抑制住林冲只是以梁山作为短期栖身的跳板，而最终跳出梁山的可能。

尽管投名状的故事听起来有些残忍，但它有些像经济学中的机会成本，也就是决策人做出某种决策之时所放弃的其他选择的价值。例如，对于很多在校大学生来说，也许他们认为自己读研的成本就是自己读研期间所花费的学费与生活费；实际上，从经济学的角度来看，他们是大大低估了自己的读研成本。当一名学生选择继续攻读研究生，其实也就放弃了进入社会参加工作的机会，那么他就读研究生的成本，当然应该包括这名学生如果参加工作，在读研期间所能获得的收入。只有这名学生认为自己读研以后能够给自己带来更多的发展机遇、更高的工资收入，这种收入足以弥补自己短期放弃工作所带来的牺牲，那么他才会选择继续读研；否则，放弃读研而开始工作不失为一个更为理智的选择。

事实上，在笔者身边，并不乏见有同学在考取研究生的同时，也考上国家公务员或者被一些知名跨国公司录用而放弃读研的例子。我们并不是说这些学生的选择过于冲动，只是他们觉得自己选择读研的同时，必须放弃一个较为理想的工作机会，这种读研的机会成本过大，甚至自己研究生毕业以后，也许给自己带来的潜在机会并不足以弥补这种过大的机会成本，那么放弃已经考上的研究生显然是一种深思熟虑的理智选择。

对于林冲也是一样，作为一名拥有绝世武功的武林高手，他即使选择不加盟梁山，应该仍有机会再回官府从军立业，创立不世功勋；至于开个镖局，或者找一个给高官达人看家护院的护卫工作也是易如反掌。也就是说，他完全可以在不同的圈子中自由选择，加入梁山只是他的一个选择而已，这就决定了他一定不会把太多的精力灌注于梁山事务，或者一定不会在梁山效力太久。既然有其他的选择，也就意味着林冲加入梁山的机会成本并不大，即使他感觉后悔了，想再转换其他选择，也不用承担太大的损失。这对于吸纳林冲的梁山而言，当然不是一个愿意看到的结果了。

所谓的投名状，就是让林冲去杀一个人，使他成为官府眼中的杀人凶手，那么就可以完全断绝林冲再回到主流社会圈子的想法，以后林冲也就只能在梁山或者桃花山、二龙山这样的绿林之中安身立命，这也大大增加了林冲再转到其他圈子的机会成本，能够最大限度地保证林冲为梁山效忠的诚意。

想必很多人都听过破釜沉舟的故事，项羽之所以选择砸破做饭的锅、凿沉过江的渡船，就在于向将士们显示没有退路，加大下属打败仗的机会成本。在正常情况下，当战场形势不好时，很多士兵就会选择当逃兵。然而，当锅都砸破了，你们就是选择逃跑也没有饭吃，如果打胜还可能缴获战利品并有饭吃；打了败场，当然只有挨饿的命运了。此外，往回跑的退路上有江有河，但渡河的船已经凿沉，意味着当逃兵、往回逃窜也只有跳江被淹死的命运，而一路往前奋勇杀敌，也许还有活命的机会。当打败仗的机会成本被极大地放大时，楚军当然斗志昂扬、战无不胜了。

事实上，类似于投名状或者破釜沉舟的制度设计在现代社会中并不罕见，我们看到很多单位都会选择和一些重要人才签订长期合同，甚至包括保密协议和竞业协议，限定自己的高素质人才跳槽到其他单位，特别是自己的直接竞争对手，并把自己的核心机密透露给竞争对手的可能性。这些长期合同、保密协议和竞业协议其实就是现实之中的投名状。如果你要为我们单位工作，那么你必须签订这些相关的法律协议。一旦签订之后，基本就可以断掉你再从现有的单位跳到同行业其他单位的念头。一旦你如此做，就等于违反了当初的协议，很可能要承担相当沉重的法律赔偿责任。这种法律赔偿的潜在成本可能远大于这些高级人才跳槽到其他单位所能获得的收益，当然就可以有效阻止高级人才的流失了。

当然，从每一个人的社会交往来看，同一个人身处不同的社会交际圈是一种正常的形态，其实它不同于上述工作选择，即鱼和熊掌不可兼得，因此需要决策者在不同选择的收益与成本之间做出痛苦的选择。但是，正如本书所说的那样，当一个社会人同时身处不同的社交圈时，必然也会牵扯此人相当多的精力，如果在某一个圈子中投入过多精力甚至经济资源的话，必然会导致在其他社交圈中投入的精力与资源规模受到影响。

牛顿是我们熟悉的著名物理学家、化学家和天文学家，他所提出的万有引力和三大运动定律奠定了现代物理学的基础，而现代数学中的微积分也是他的重要创造，他在现代科学中所处的地位基本是无人能及的。然而，可能很多人不知道，牛顿活了 84 岁，而牛顿的这些伟大科学成果都来自他二三十岁的时期，但我们认为思维更为成熟、精力更为充沛、应该更能出科研成果的中年以后的牛顿，却鲜有重要的科技成果出现了。

并不是说牛顿到了中年以后就智力水平降低，也不是他功成名就之后就不再潜心科学研究工作，而是由于他仅仅 29 岁就已经当选相当于中国院士的英国皇家学会会员。此后，他又先后担任国会议员、皇家学会会长和皇家造币厂厂长；同时，他又把更多的精力投向不可知的神学研究，这也导致他花在科学研究上的时间持续减少，当然他就无法再提出更多、更重要的科学成果了。

六度思维

对于牛顿而言，作为那个时代最为重要的科学家，他也具有众多不同的社交圈。作为科学家，他与当时其他的著名科学家莱布尼茨、胡克、哈雷等人都有紧密的联系；作为官员，他与包括安妮女王在内的皇家以及众多政要拥有良好的关系；作为神学爱好者，他又与宗教人士来往频繁。从表面上说，上述不同的交往行为分别代表着科学家牛顿、政府高官牛顿和朴素的唯物主义神学研究爱好者牛顿。这些看上去矛盾的、复杂的人格却共同组成一个活生生的牛顿。

当中年以后的牛顿把更多的时间花在政府交往圈和宗教圈之后，必然的结果就是他与科学界的往来日渐减少。当世界上多了一个高级官员牛顿和神学泰斗牛顿之后，却无人发现那个最伟大的科学家牛顿已经不知所终了。当时，皇室的那种学而优则仕的思想、以升官发财作为奖励牛顿的策略，其实就是在降低牛顿放弃科学的机会成本，等于是在鼓励牛顿放弃自己最伟大的天赋，也给人类和现代科学带来了巨大的损失。

如果当时的英国皇室能够真正明白牛顿在科学领域的伟大天赋和才能，更多地给予他在科学研究领域的扶持，通过类似投名状的策略选择，增大牛顿从科学研究中所能获得的收益，放大他放弃科学研究的机会成本，就能充分发挥牛顿作为科学家的社会作用。

正是由于不同社会交际圈之间相互替代、相互影响的关系，才需要决策者通过机会成本分析的方法，分析在不同社交圈投入精力的成本和收益。与此同时，类似于投名状这样的提高在不同圈子间转换的机会成本的制度设计，能够极大地保障该决策者对于最重要交际圈的投入，这恰恰也是六度思维所关注的重要内容。

第八章

×二代的天然优势

国民老公王思聪为什么爆红？

作为近年来互联网上有名的话题人物，王思聪早已为众多中国网民所认识。2011 年，从王思聪在网上与张兰、汪小菲母子公开对骂开始，口无遮拦基本已成为王思聪的标牌。此后，无论是对天后王菲的公开批评，还是对陈凯歌导演的《赵氏孤儿》的无情吐槽，无论是因为电脑桌送货效率低下而对京东“店大欺客”的肆意指责，还是对于刘翔夫人葛天“整容改变命运”的尖刻点评，王思聪身上似乎从来没有少过话题。

如果王思聪的口无遮拦放在一个普通人身上，可能只会是一个嘴巴不留德的讨厌鬼，他会失去身边很多的朋友，而王思聪看似缺德的指责与抱怨，换来的却是满场的叫好，网络之中甚至有无数的女网友成为他的粉丝，而口口声声以“老公”称呼这个本应很讨人厌的小鬼。甚至一些男网友也跟风，模仿女网友以“老公”称呼王思聪。一时之间，在整个互联网中，无论男女老少、不分性别、不分年龄、不分地域，全民都喊王思聪

“老公”，这也打造了王思聪“全民老公”的公众形象。

相信很多朋友也曾在网络或者生活中有过抱怨、有过吐槽、有过指责、有过漫骂，但谁也无法像王思聪这样，引起众多的社会关注。可是，大家有没有思考过，为什么我们却没有引起像王思聪这样大的网络回应和关注呢？

其实，几乎所有的朋友都知道上述问题的答案，王思聪的爆红不在于他拥有如何英俊的面容，也不在于他具有超人的才能，更不在于他的指责和抱怨与其他普通网友相比有什么特别之处，一切问题的关键就在于他拥有一个常人没有的好爸爸。

王思聪的父亲王健林是中国顶级富豪，早在2010年，王健林就以401.1亿元的身价位列新财富500富人榜首富。2013年，王健林的身家财产已高达140亿美元，取代娃哈哈集团董事长宗庆后成为中国首富。尽管2014年阿里巴巴上市之后，马云的身价暴增，一举超过王健林，夺得中国首富桂冠。然而，王健林仍然稳坐财富榜的第二位，我们所熟悉的遍布国内各大城市的万达广场和万达影城就是王健林巨型财富帝国的象征。

2012年12月12日，在中国中央电视台的CCTV经济年度人物颁奖典礼上，王健林和稳坐国内互联网经济头把交椅的阿里巴巴董事会主席马云即兴针对到了2020年中国的电子商务能否在中国的零售市场中占据50%以上份额这个问题，提出了一场价值1亿元的豪赌。这更在很长一段时间内都成为财经新闻所关注的热点。

拥有这么一位家世显赫的好爸爸，1988年出生的王思聪尽管尚未到而立之年，但毫不夸张地说，的确是含着金钥匙出生，从小就被送到英国就读最好的学校，一回国就在自家庞大的万达集团担任董事。当他提出想自己创业，父亲王健林毫不犹豫地拿出5亿元资金供其试手，成立了PE基金普思投资。试问，天下有几位年轻人能够得到如此优厚的发展机遇？

在互联网购物已成为现代生活一个重要组成部分的今天，想必很多网购达人都有过对于在网上所购东西的质量、送货的效率、包装，乃至卖家的服务态度、产品的售后服务发出吐槽的经历，而我们的抱怨或吐槽，相信除了卖家，似乎根本无人在乎，只能是一种无可奈何的发泄罢了。

然而，2014年6月27日王思聪在自己的微博中吐槽19号就在京东买下的电脑桌一直没有到货，指责京东商城店大欺客。谁也没想到，就这么简单的一件小事，居然很快成为互联网中一个全民狂欢的事件，无数具有创意的网友纷纷发表评论，诸如建议王思聪把京东商城买下来报复京东的低效率，诸如戏称快递员迷失在王思聪家的大宅子里，或者所有的快递员都与给王思聪的送货单合影，抑或戏问王思聪是不是买电脑桌的价格少写了一个万字，感慨王公子仅花200元买电脑桌的节约。一时之间，王思聪同款电脑桌居然成为网络热销产品而顿时走红，让人不禁感慨，同样是消费者，做人的差别怎么那么大呢？

也许在很多人看来，除了有钱和一张到处得罪人的臭嘴，王思聪似乎并没有什么神奇之处。然而，全民老公的身份以及无数人的关注，还是让人觉得王思聪与我们众多的普通网民并不一样，他似乎拥有某种超乎常人的特殊魔力，使得他能够拥有更为强大的对于周围人，甚至互联网中陌生人的巨大影响力。如果想弄清这种魔力的来源，我们还得运用六度思维去解释人与人之间影响力的差异。

社交圈的核心与边缘

早在本书一开始介绍六度分隔的时候，我们已经清楚，其实世界上任何两个人之间都存在某种直接或者间接的联系。的确，王思聪是王健林的独子，因此两人之间存在血脉相通的联系，但我们每一个人也都可以通过不超过6个人的中介作用，与王健林产生间接联系。既然我们同样可以与王健林产生联系，为何我们却无法获得同样的影响力？

其实，问题的答案在前面几章已经介绍过了，六度分隔只是揭示了在现代社会网络之中人与人之间的或远或近的不同联系，但它只是一个客观现实，并不具有实际的指导价值。真正值得我们研究的其实是从六度分隔延伸而来的研究人与人之间这种影响力传导的六度思维。

如前所述，在现代社会网络之中，判断一个人社会影响力强弱的关键在于其社交面的广度和影响力的深度。交往的广度往往来自个人实际的社会交往活动，而影响力的深度可能取决于他所掌握的社会资源和他在社会网络之中所处的位置。

尽管大家都熟悉王思聪的故事，也许很多朋友还是他的粉丝，但绝大多数情况下，我们与王思聪之间是一个单向的信息传输机制。简单地说，我们在网络之中认识了王思聪并熟悉了他的故事，所以我们会关注王思聪的很多信息，因而信息自然就会从王思聪向同一社会网络中的其他成员传输。然而，由于在现实生活之中我们并不认识王思聪，至少并不相熟，这就导致王思聪并不会关注处于交际链另一端的我们的信息。即使在我们身上发生了一些重大的事件，但由于对王思聪并没有直接的关系，即使他无意中看到这件事件，也会自动地把这些在他看来无关紧要的事件自动筛除，这必然导致我们的信息并不能反方向传导到王思聪那里。在众多王思聪的粉丝与王思聪本人之间的信息流固然是畅通的，但这种信息流却是单向流动的，王思聪的一举一动可以被大家所关注，也可以影响到同一个社会网络之中的众多中国网民，但这些普通网民却无法影响王思聪的行为选择。

单就个人的社会交往活动而言，拥有令人羡慕的身家财产的王思聪也许的确拥有更为广阔的社会交际网络，但决定其交际网络广度的始终是他的个人活动，即使的确有很多人认识他，但真正能够对他产生影响或者说能够与他形成双向信息流的网络成员数量，并不一定就比我们普通人生活之中能够与我们产生互动影响机制的人数多。从交往层面上看，一般来说，穷人与富人、潦倒落魄者与事业成功者的社交圈广度并不会有特别大的差异。

实际上，真正决定我们每一个人社会地位、社会影响的核心因素，仍是我们每一个人在所处社会网络中的地位，以及由此所决定的影响力。作为中国首富之子，自王思聪一出生，他就拥有一般人一生都不可能获得的巨大财富，这就决定了在人生的起跑线上，他早已跑过了绝大多数人的人生终点线，这也必然导致了自他出生就与我们普通人处于完全不同的成长环境和发展空间。他的首富爸爸可以毫不犹豫地一掷数亿元给他，让他随便练练手，而他的投资可以直接决定很多企业的生死存亡，他的选择可以决定很多工人的就业或者失业，他的青睐可以让你麻雀变凤凰，而他的弃你而去，又可能把你瞬间丢向失败的深渊。正是由于拥有巨大的资金财富，王思聪的一举一动都可以影响很多人的命运。可以说，在我们所能观测到的中国经济圈内，背靠金山、拥有如此巨大家庭财富的王思聪所拥有的社会影响力，是很多人难以企及的。

对于众多普通屌丝青年而言，因为你并不拥有太多值得骄傲的经济资源或者社会资源，你的行为通常无法对他人产生太大的影响，真正在乎你的，也只有那些能够感受到你的存在和影响的家人、亲人，以及处于你的社会交际圈中最核心位置的朋友。也许在日常生活之中，你还有很多的普通朋友、客户、领导、邻居、点头之交的熟人，尽管他们也在你的社交圈之内，也会与你的生活有着或远或近的交集，但你的行为却无法被他人感知，更无法影响这些人。这些身处你的社交圈之中，却无法被你所影响的人对你而言，实际上并没有太大的实际价值。

显然，从影响力的深度来说，你是否具有巨大的社会影响力，是否可以影响到自己社交圈中尽可能多的成员，这都取决于行动对象所拥有的权威。这种权威往往只能来源于行为主体所掌握的资源，如果你有权、有钱、有名望，那么你就能拥有更强大的影响力；否则，你的社交圈对于你的实际利用价值就非常有限了。

当然，如果非要我们与比尔·盖茨、巴菲特、乔布斯这些顶级富豪相比，我们自然甘拜下风、自惭形秽，但问题的关键是，也许我们很多人觉得王思聪看上去只是一个侥幸出生于富豪之家的少爷罢了，似乎也看不出他有什么超脱常人的过人之处。他所有的财富或者社会资源其实都来自他的父亲王健林。既然我们也能通过不多于六个人与王健林搭上关系，形成间接的联系，那么凭什么我们就比不上王思聪?

当然，相信大家都知道答案。王思聪是王健林的独子，自然就是王健林的心肝宝贝，在王健林去世之后，他的所有财产自然也就归王思聪所有了。这种血脉联系当然是一般人无法比拟的。尽管王健林也会拥有一个非常广阔的社交圈，但毫无疑问，王思聪一定是那个在王健林的社交圈中处于最核心地位的人，他们两人之间的信息或者资源的往来，自然也是密集而畅通的。

事实上，即使同处一个人的社交圈之中，不同的社会成员所处的位置也有极大的差异。我们可以研究对象为圆心画出一个标靶，离圆心最近的成员当然身处研究对象的核心圈，这就保证了他可以对研究对象施加最大的影响力；相反，处于边缘地带的成员固然也身处研究对象的社交圈之中，同样也会在工作、生活、学习等某些方面与研究对象产生一定的交集，形成一定的社会交往活动。然而，由于无法进入核心领域，因而他们与研究对象之间的交往通常就是我们所说的淡如水的君子之交，彼此之间的影响力和凝聚力都相当小。

核心层的这种紧密联系，除了需要通常的血缘、亲缘、地缘方面的联系，更需要形成一种重复的刺激。也就是说，如果人与人之间的联系只是一次性的，那么即使彼此之间留下了深刻的印象，但这种印象以及随之可能产生的影响力将会随着时间的推移而逐渐淡去，当然无法保持长久的影响力。如果人与人之间会在较长的时期内发生多次重复性的交往活动，那么人与人之间的联系将会随着交往的进行而产生一种重复性的刺激，使得相关的社会成员对对方产生一种惯性，甚至形成心理上的依赖，从而建立起彼此之间的强联系。

正如在日常生活之中，如果我们去一些旅游景点消费，往往很容易买到一些假冒伪劣产品，甚至遭遇强制消费、消费欺诈等现象，而我们在家附近的小饭店或者小商贩处进行消费时，常常由于彼此熟识而出现价格更优惠或者质量更有保障等现象。其实，上述现象就反映了一次性刺激与重复性刺激的区别。对于旅游景点的商家而言，前来消费的基本都是外地游客，哪怕他在你们家进行了较大额度的消费，也就是产生了一次性的强刺激，即使你们家优异的产品质量和周到的服务品质使得对方很满意，但对方再次来景区游玩、再次到自己的商店进行重复性消费的可能性基本不存在。在这种情况下，这些强刺激对象根本不可能进入商家的核心圈，也不能在彼此之间产生强烈的相互影响和相互依赖性。

相反，如果你在家门口消费，即使每天只是买一元钱的馒头，这应该是弱刺激，但如果你每天都去他们家消费，则这种长期的重复性刺激必然会让对方对你产生一种习惯性的认识，甚至是一种惯性的依赖。如果你某一天没到他家去买一元钱馒头，他看到你反而会主动询问，为什么今天没有买馒头？这种重复性弱刺激远大于一次性的强刺激，更有助于使得交往双方进入对方的核心圈，产生彼此的深度影响。

由于这个原因，即使我们会在现实生活中与王健林先生存在一定的交集，比如发生过生意上的合作，曾经在一些公开的商务场合有过碰面，甚至在遥远的小学、中学时期与他做过同学，但这些交往活动都经过了很长时间，甚至只是一面之交，没有通过一次又一次的复杂交往巩固彼此之间的联系。

相反，作为王健林的独子，王思聪会经常性地与王健林产生重复性的交往活动，无论是何种商业对手或者合作伙伴，你们的往来频率和强度总不会强于王健林与儿子之间的往来吧？这就保证了王思聪可以身处王健林社交圈中最重要、最有价值的位置，保证他对王健林可以施加最大的影响力。此外，他可以通过类似六度分隔介绍的这种影响力在人与人之间的传导，借助王健林的社会影响，实现在现有社会网络体系中影响力的最大化。

从这个方面来说，即使你已通过一定的社会交往活动与某一目标对象形成了一定的社会联系，但要想保证你对于对方更强大的影响力，往往需要通过一种长期的、重复性的社会交往活动，巩固彼此之间的联系，使得自己能够沿着对方社会交往圈的标靶，不断向圆心进军，最终竖立起彼此之间最为强大的影响关系，实现一定的策略目标。

在商业领域之中，最为成功的营销专家绝对不是短视的只追求一次性商务的达成，而是会通过一次次的顾客维护和开发，创造出最为长久的业务。也许在很多人看来，对于推销员而言，只要把东西卖出去，他的工作就已经完成了——顾客既然已经买了你的产品，就不再可能继续购买同样的产品，因此再对同一名顾客投入时间和精力，显然就是一种浪费。然而，被誉为世界上最伟大推销员的乔·吉拉德，正是通过对于所有老顾客的细心、贴心、耐心的维护，创造了推销史上的奇迹——在其 15 年的汽车销售生涯中共卖出汽车 13 001 辆，平均每天卖出 6 辆汽车，这显然是一个空前绝后的不可能复制的神迹。

如果运用我们此处所学的六度思维，显然不难理解吉拉德先生的成功奥秘，他正是通过简单的一次又一次的重复性交往活动，对顾客产生多次重复性的刺激，推动自己在顾客的社交圈中不断向核心移动，产生对于顾客更强有力的影响力，成为顾客的朋友，吸引自己的顾客把吉拉德介绍给自己的朋友，从而实现了六度分隔空间中影响力的越级式传导，最终创造了这个市场营销历史中的奇迹。

从这个方面来说，通过简单的重复性刺激和经济交往活动，不断提升自己在交往对象社交圈中的地位，达到对方的核心交往圈，这是实现自己影响力最大化的最有效手段。

X 二代的竞争优势

在现代社会中，我们往往把一些拥有显赫身世、可以借助祖辈余荫完成很多平常人无法实现梦想的青年，称为“富二代”、“官二代”等。在很多人看来，这些所谓的×二代们，似乎自己没有突出的本领，只是因为机缘巧合，出生在一个拥有巨额财富或者巨大权力的显赫世家之中，就可以获得平常人无法获得的资源优势，这似乎违背了民主社会所说的“人生来就是平等的”。

然而，运用六度思维，我们可以理解这些×二代们为什么能够获得如此不公平的竞争优势。道理很简单，在现代经济社会中，我们每一个人在这个社会中的作用和影响是判断我们每一个人能力的基本因素，而决定我们影响力的因素，一方面取决于由我们的社会交往活动所决定的社交圈的广阔程度，另一方面则取决于我们在自己生活的社会交往圈中对于其他交往对象所能产生的影响作用。

单就社交圈的广度而言，人与人之间的差异并不特别明显，毕竟猫有猫道、狗有狗道，每一个人都会拥有自己独一无二的生活，并在自己的生活之中，与所有自己能够接触到的人发生联系，从而把他们纳入自己的社交圈之中。贫民与富翁同样生活在这个世界，尽管他们所接触的人群基本没有太大的相同之处，但毫无疑问，这些交往对象同样来源于他们的家庭、居住地、学习经历、工作经历和一些偶然的机缘巧合所形成的社会交往活动。

随着社会经济和人们收入水平的提升，我们在这个世界上所接触的人员数量也在与日俱增，也许在一二百年前，我们的祖辈仍然世世代代生活在一个贫穷的小山沟中，一生所接触的只有数十名低头不见、抬头见的乡亲。在现代社会中，由于经济全球化已把庞大的地球变成一个小小的地球村，通过各种有机的社会联系，我们可以与全世界的人紧密地结合起来。在我们的生活环境之中，活跃着远多于祖辈们的交往对象，这将在很大程度上实现人与人之间的紧密联系。

也许在五十年前，六度分隔表明全球任何两个人之间都可以通过不超过六个人就形成联系。然而，随着互联网的飞速发展，每一个人接触的人群规模日益扩大，我们的社交范围几乎是以几何倍数增长，以前也许需要通过两三个中间环节的传导，才能建立起人与人之间的间接联系，现在也许只需要一个中间环节就可以实现。因此，可以想象，伴随着互联网以及移动通信技术的飞速发展，在现代世界之中，任意两个人之间的联系肯定不需要六个中介了；也许借助互联网技术的帮助，理论上的六度分隔早已转变为了事实上的五度分隔，甚至四度分隔。

然而，即使我们每一个人都拥有了一百年前我们祖辈们无法想象的广阔社交网络，但上述富二代、官二代与众多普通屌丝民众的社会影响力也有天壤之别。由于可以借助于富一代、官一代的社会影响力，这些×二代们完全可以取得普通人难以想象的社会影响力。

对于这些×二代们，他们要实现自己的目标其实很简单，只要把拥有更多资源掌控权的父母确定为自己社交链中的第一环，使父母成为自己社交链条中最关键的公共解，则自己的其他交往对象都会直接或间接地联系到处于自己第一度空间的父母。

因为父子或者母子之间的血缘关系，×二代们显然可以对处于一度空间的父母最大限度地施加自己的影响力，从而让父母为自己的利益做出一定的行为选择。与此同时，由于掌握着巨大的财富或者政治权力，其父母的行为往往可以在一个更广阔的社会网络空间之中，对一个庞大规模的人群施加巨大的影响。因此，借助于父母的力量，这些×二代们也可以把自己的影响力扩张到最大限度。

在寓言中，我们往往把狐假虎威视为一个贬义词，既嘲笑被狐狸欺骗的老虎的愚蠢，又讽刺虚张声势、故弄玄虚的狐狸的狡诈。然而，从另一个角度来看，狐狸是一只极具六度思维的生物，它能够机智地借助老虎的威望，用于壮大自己的声势，实现借力打力、化腐朽为神奇的效果。对于自身不具有超人能力的狐狸而言，假借老虎的威名，显然是实现自己人生价值的最佳途径。

就像狐假虎威中的狐狸一样，这些×二代们其实并不具有超越常人的能力，也不具有威慑群雄、众人俯首的威望，然而他们的真正优势就在于他们拥有一个具有超人能力的父母；与此同时，自己对于父母又具有超强的影响力，以致可以假借父母的影响力和威望，壮大自己的威势，实现自己的策略目标。这恰恰是他们真正的竞争优势所在。

也许这些×二代们能够生于富贵之家，本身的确是一种偶然，并不是一种可以复制的成功经验与道路。然而，像王思聪这样的富贵子弟，如何最大限度地利用父母的能力，而不是败坏父母的名声，成为坑爹一族，才是他们必须思考的问题。

富二代财富帝国梦的破灭

就在本书写作期间，2014 年 11 月一些财经新闻媒体报道，曾经名噪一时的山西海鑫钢铁集团已进入破产重整阶段。李兆会，这位 22 岁就因父亲的忽然横死而匆忙接手家族企业，成为总产值超过 50 亿元的海鑫集团最年轻的掌门人，并一度创下 100 亿元身价，名列胡润富豪榜第 85 位的年轻小超人创下的财富帝国已经轰然倒下。11 年的创富梦想和努力终成黄粱一梦，不禁让人感慨万千。

2003 年，时任山西海鑫集团董事长、李兆会之父李海仓就在自己的办公室遇刺身亡，一时之间由他所创下的财富王国面临群龙无首的困境。此时，尚在澳大利亚读书、优哉游哉当着公子哥的李兆会被紧急召回国内，继承父亲留下的产业，正式掌控海鑫集团。

可以想象，在这次意外之前，李兆会是躲在李海仓背后的还没有长大的孩子。在所有人的印象中，他的标牌永远是李海仓的儿子、海鑫集团的公子哥，而非独立的李兆会。当然，通过借助李海仓的社会地位和家族的巨大财富，李兆会也可以过着我们普通人永远难以想象的富足生活。在他的社交圈子中，除了自己的同学、朋友，可能真正对他有所帮助的，仍是李海仓圈子内的朋友，也许是李海仓的亲友、生意伙伴或者家族企业中的各位高管。可以想象，如果没有李海仓在李兆会背后的无形支持，在被推上海鑫集团掌门人的位置前，李兆会并不具有在财务上的独立权和自主权。

当然，在李兆会的社会交往链中排在第一位的，永远是他那无比强大、极具社会能量的父亲，只有通过他的父亲，李兆会才能过着富足的生活。然而，当李兆会一直以来的依赖、处于自己社会交往链第一环的父亲忽然去世之后，他只能跳过以往的中间环节，直接面对对于海鑫集团、李氏家族或者生意发展具有重要作用的所有交往对象。在管理能力与社交能力上，李兆会与父亲的巨大差距立刻显现出来了。

在刚刚接手海鑫集团之初，尽管有几位叔叔辅佐李兆会尽快熟悉家族生意、接触生意伙伴。然而，以往李兆会与这些海鑫集团生意伙伴的联系都是通过父亲李海仓间接实现的，与曾经协同李海仓处理众多生意事项、可以与很多生意伙伴产生直接联系的众位叔叔相比，李兆会的社会交往链显然长了一环，而能够帮助他缩小这多余一环的关键环节，也就是他的父亲已不复存在，导致李兆会比起海鑫集团的众多老臣显得稚嫩了很多。

由于李兆会在海鑫集团原有的主营业务钢铁产业中，无论交往面或者影响力都显得不足，而辅佐他的原有高管的能力和影响力又不足以像李海仓那样给他足够的支持，那么放弃原有的产业选择、开拓属于自己的新天地也就成为李兆会的必然选择了。

仅仅接手海鑫集团 1 年半之后，李兆会一举拿出 6 亿多元资金，收购了中色股份所持有的 1.6 亿股民生银行的股份，而当时整个海鑫集团的净资产也只有 18 亿元。一个毛头小子，一下子拿出整个家族三分之一的资产砸到一个自己都不熟悉的产业，这不禁让众人对于李兆会乃至海鑫集团的前景都打上重重的问号。

然而，民生银行股改之后，股价大涨，海鑫集团凭借自己持有的 1.8 亿股民生股份，一度名列民生银行十大流通股股东第二位。李兆会的一次看似无厘头的投资生意居然给海鑫集团带来数十亿元的浮盈，这彻底打消了大家对于李兆会的质疑，并成为李兆会掌权海鑫 11 年最为成功的生意。

投资民生银行的成功，使得李兆会沉迷于资本市场的运营，此后又入股华观科技、银华基金、民生人寿、兴业证券、山西证券，把一个以钢铁起家的海鑫集团生生转变为一个金融帝国。然而，兴也金融，亡也金融，因为过于关注对金融业的资本运营，而忽视了海鑫集团主业钢铁业的发展，再加上 2009 年以来全国钢铁业的全行业亏损。2014 年初，媒体开始曝光海鑫集团陷入了巨额的亏损，并出现严重的贷款逾期、停产、拖欠工人工资。自此，海鑫集团开始走向倒闭。

也许对于李兆会过多的批评是不公正的，因为从一个毫无企业运营和管理经验的毛头小子，一下子被推到了决定一个拥有数十亿元资产、数万名员工的庞大商业帝国的关键位置，从根本没有丝毫钢铁行业人脉、业务联系和商业资源，到开拓新的商业版图，李兆会的一次次尝试证明了他的努力，甚至在突然失去父亲李海仓之后，他并没有丧失对于自己人际网络中远端成员的争取和影响。

事实上，至少在李兆会掌控海鑫集团的前 7 年中，他的总体表现尚且不错，借助于新开拓的金融圈内资本运营的成功，他把海鑫集团的产值规模从 50 亿元扩张到 100 亿元之上，成为中国富豪榜中最年轻的企业家。然而，前期的成功并不能掩盖他在影响力和经验上的不足。由于在接手海鑫集团之前，李兆会没有直接参与海鑫集团的生意往来，因而他与海鑫集团的管理层和商业伙伴都没有直接的交往，只能通过父亲李海仓与他们建立良好的联系。当父亲忽然撒手西归之后，横亘在李兆会与海鑫集团之间的联系桥梁轰然倒塌，这种经验的不足，并不能无中生有地变化出李兆会与海鑫集团管理层、商业伙伴之间的联系。尽管李兆会一直在努力引入金融业的发展，替代并弥补自己与家族企业之间联系与控制力的不足。但是，要降低作为海鑫集团主业的钢铁业的份额，并不像毒蛇螫手、壮手断腕那么简单和干脆。为了强化自己对于海鑫集团的控制力，李兆会清理了父亲在世时期的老臣、高管，然而这不仅没有强化自己对于海鑫集团主业的控制力，反而弱化了海鑫集团原本规范、严谨的内部控制与管理体制，导致海鑫集团内部管理混乱加剧、腐败滋生，最终把父亲一手创下的财富帝国推向终结。

很明显，李兆会的失败并不在于他发展家族产业的意愿不强烈，也不在于他的自身能力不足，在很大程度上应归结于他缺乏对家族产业的强大影响力。这种影响力的不足，缘于本来应该充当李兆会与家族产业之间联系的李海仓的突然去世。

当然，作为海鑫集团的缔造者李海仓先生在生前应该已对自己的家族产业做出了完美的计划：自己打下江山，让儿子李兆会先留学海外，学习企业管理和运营的理论及知识；等李兆会毕业后，再让他参与家族生意，跟着自己熟悉家族生意；在自己的帮助下，了解并建立起李兆会与海鑫集团之间的紧密联系，到了那时，已逐渐老去的李海仓再退出管理层、退居幕后，不再影响李兆会对于海鑫集团的控制，放手让年轻人在现代市场竞争中大胆一搏。然而，人算不如天算，一场意外让李海仓突然去世，也让根本没有接触过家族生意的李兆会临危受命，紧急承担起拯救家族产业的重任。然而，这种对于家族产业的联系与影响力的不足，导致海鑫集团走向破产的命运。

在李兆会的身上，我们可以看到很多富二代、官二代的缩影，他们得益于祖辈的余荫，可以获得其他人根本无法想象的财富、权力或者各种资源的支配能力。在我们看来，具有如此令人羡慕的身世，有着父辈留下的众多能人的辅佐，就算不能继续开疆辟土、扩大自己家族的财富和权力，固业守成总不应该是一件难事吧。可是为什么从古至今，我们却看到如此多的失败案例呢？

即使雄才伟略的秦始皇，他把帝国传到秦二世胡亥之手后，一个强大、统一的秦国在陈胜、吴广领导的农民起义以及刘邦、项羽等英雄的反抗下，在很短的时间内就土崩瓦解了；即使有诸葛亮般神机妙算的名臣辅佐，阿斗照样把刘备辛苦创下的江山拱手让给曹、魏；即使在年轻时曾任兵马大元帅，辅佐父王隋文帝杨坚统一天下、立下汗马功劳，但当上皇帝之后，隋炀帝杨广迁都洛阳，而后开挖运河，远征西域、高丽，建下无人企及的丰功伟业，然而也改变不了隋朝的命运。

古往今来，像上面这样继承父业，而后又毁掉父辈毕生心血的故事汗牛充栋，难以言数。然而，历数这些失败故事背后的缘由，归根到底都像李兆会一样，他们在继承父业之前，哪怕曾经担任兵马大元帅的杨广对于父亲留下来的庞大帝国也没有足够的掌控权与影响力。在很多时候，他们只是通过父亲的影响力，才能对父亲社交网络中的成员施加影响。如果能够通过列为太子的方式明确为继承人，同时在父亲的指导之下，逐渐开始接触并处理国事，培养对于其他成员的直接联系，才能建立起具有足够影响力的人际网络，最终保证原有的庞大家庭、家族、帝国的运营稳定。如果缺乏经验，缺乏对于所接手的父亲事业的了解，缺乏对于运营父亲事业的成员的有效控制能力，那么失败的命运当然也就注定了。

很多人熟悉的明成祖朱棣靖难夺位的故事，其实从另一个方面证明了笔者的观点。作为一代名君，明太祖洪武大帝朱元璋去世之时，没有把帝位传给仍在人世的各位儿子，而是把它传给了已去世太子的儿子，也就是朱元璋的长孙朱允炆。然而，作为深宫中长大的第三代子孙朱允炆并没有参与朱元璋消灭元朝的战争，既没有南征北战、带兵打仗的经验，也没有参与朝政、治理国家的经历，在当皇帝方面完全是一张白纸。更为重要的是，经验与经历的缺乏，导致朱允炆与当时的众多大臣之间也没有直接的联系，他是通过爷爷朱元璋才与众位大臣产生间接联系。

与朱允炆不同，朱元璋的第四个儿子朱棣可是自幼跟着朱元璋打江山、久经沙场的功臣。更为重要的是，明朝建立后，他被分封到北京做他的燕王。说白了，朱元璋把北京这块地交给他，让他管理，当他的土皇帝。据此，他也有了丰富的治理地方政治、守卫边疆，乃至吸收人才、管理人才和利用人才的经验。无论带队打仗、政治管理，还是人才管理，他与很多大臣产生了深厚的友谊，建立起直接的联系。

从六度思维来看，朱允炆与众大臣之间隔着一个朱元璋，当朱元璋去世后，他对于各位大臣的掌控能力立马降了一大截；相反，尽管只是一个小番王，但燕王朱棣与大臣们有着直接的紧密联系，一个是三度分隔，一个是二度分隔，两人的高下立分，对于皇权争夺的胜负也立见高下了。朱棣起兵之后，看似牢固的朱允炆的统治在很短的时间内就土崩瓦解，朱棣一举夺下帝位，成为明代最成功的永乐大帝。

无论是国家的治理，还是家族企业的运营，其中的关键就在于对人的管理，而这种管理的影响力和掌控力取决于管理者与被管理者之间的联系情况。作为×二代们，如果在接班之前就能参与父辈的管理和运营，那么这种接班就将顺利很多，也能保证交接工作的平稳进行；相反，如果缺乏足够的管理经验和直接的人际联系，哪怕这些×二代们的个人能力再强，成为失败案例的命运，似乎是很难避免的。

第九章

人脉，还是互利？

复杂的“GUANXI”

对于很多中国人来说，关系一词是最为常见，也最为复杂的问题。无论遇到什么问题，我们脑海中涌现的第一反应往往是能不能找到关系，帮助自己解决问题。令很多外国友人想不明白的是，在中国社会中很多看似平常的事，按照法律、现有的制度规则就可以轻松解决的事务，中国人往往更愿意与关系扯上边，从而把很多简单问题复杂化了。

例如，想必很多朋友都有过这样的经历，当我们有亲人因病住院，特别是需要做手术时，我们通常都会到处寻亲问友，希望在自己的朋友中有人能够认识那个医院的医生、领导，最好是认识给自己家病人做手术的那名医生。希望让朋友向这些医生引见自己，自己再包上一个大大的红包，心中想：这下也算搭上了医生的关系，他一定会特别照顾自己家的病人，在做手术时一定会比对其他的病人更为尽心尽力，一定能够最大限度地保证手术的成功，病人也就有更大的机会痊愈了。

按照一般的市场经济规律，医院本来就是医治病人的，医生既然选择了这份崇高的工作，那么就应该把救死扶伤视为自己的人生目标。就算这些医生没有这么高尚，但病人到医院看病也是商业行为，如果医院不认真帮病人医治疾病，那么病人过来看病之后不是病情恶化，就是归于死亡，导致医院在社会上的口碑太差，那就是在砸自己的招牌，以后怎么会有人再到这个医院看病呢？如果没有病人光顾、赚不到病人的钱，那么上至医院的院长，中至医生，下至护士，整个医院上上下下可能全都得喝西北风。

依照这种最简单的思路，我们也可以知道：哪怕只是为了能够长远地赚取病人看病的费用，医生也得用心给病人看病，自己看病的效果越好，名气就越大，以后就会有更多的病人慕名而来找自己看病，那么自己以后能够赚的钱就会越多。相反，故意把手术做坏，报复不给红包的病人，暂且不说可能会承担的相应法律责任，单论坏了自己的名气，就等于砸了自己的饭碗。然而，话虽这么说，哪怕是笔者本人，当遇到亲人住院时，第一选择仍是找关系，这就是一种众人皆知的中国特色。

关系的重要性几乎已经深入了中国人的骨髓，甚至成为外国人眼中最为突出的中国特色。在法律制度已经十分规范的西方国家，一切按法律、规则、制度办事，而不是看人下菜碟，由人的主观意愿决定事情的最终处理，这已成为所有外国人公认的处理事情的基本原则。然而，即使是那些管理制度最为规范的跨国公司，当它们进入中国之后，它们也逐渐认识到：没有关系，在中国很多事情都不好处理，哪怕它们是世界知名的跨国公司，哪怕它们到中国投资之后，它们的利益与投资地的 GDP、劳动就业、利税都是一荣俱荣、一损俱损地绑定在一起。然而，没有关系一样不好使。

于是，关系开始广为欧美跨国公司所认识。也许在进入中国之初，众多西方人士只是根据字面，把关系翻译成联系，把它理解成人与人或者事物与事物之间相互影响、相互作用的影响机制。然而，越来越多的西方人开始察觉关系含义的复杂性，于是“GUANXI”居然成为最早被西方人根据中国文字的读音直接创造出来的英文单词。

GSK，或者说葛兰素史克是全球排名第三的制药、生物和卫生保健企业，也许这个名字大家并不熟悉，然而提到它所生产的药，如康泰克、芬必得、百多邦等，想必大家并不陌生。在很多人看来，能够生产如此众多国内知名药物的跨国公司，显然应是一家运营规范、管理科学、制度严格的全球领袖级医药企业。然而，2013年中国的公安部门发现，就是这么一家高大上的知名企业，为了打开药品的销售渠道、提高药品的市场售价，在很长一段时间内，它们一直通过各种隐蔽的手段，向一些政府官员、医药行业协会、医院、医生行贿，并通过虚开增值税发票的方式套取现金，用于公开行贿，从而极大地损害了中国消费者的利益。

可能我们都有过去医院看病的经历，往往是医生给我们开出药方，然后我们就会按图索骥、照单抓药，把医生开的药方视为神圣不可改动的救命良方。然而，不知大家想没想过，如果治一个病可以使用数种甚至数十种药物时，医生给病人开的药方选择哪一种药品，就是决定不同医药企业销售业绩的关键所在了。

为了得到全国众多医生在开立药方时的推荐优先权，葛兰素史克一直选择向医生行贿。例如，你在药方中开出葛兰素史克的价值50元的药后，我就给你10元钱的提成或者说贿赂。这样，医生在开药时开出的药越多，他们的灰色收入就越高。当然，这就极大地鼓励了很多医生在可用葛兰素史克的药，也可用其他药厂的药时，第一选择都是把葛兰素史克的药写入药方。

除此之外，葛兰素史克还通过资助很多医学会议、赞助医生或医院的科研项目等形式，以各种不同的途径向医院和医生进行利益输送，这使得葛兰素史克的市场销售始终保持一个非常高的增长比率。因此，葛兰素史克公司在中国市场上赚得盆满钵盈。

不知道大家有没有看懂葛兰素史克在华行贿的经营战略选择，在他们看来，关系就是一种生产力，通过行贿等非正常交易关系，建立起从前端的药物生产、销售，再到终端的医院的完整利益链条。在这个链条上，无论是参与行贿的葛兰素史克，或者是在链条末梢的医院医生或病人，都是通过一种上不得台面的贿赂关系建立起彼此的联系。

当然，对于葛兰素史克的业务员而言，直接去医院向医生桌上拍钱，似乎有些不太雅观。因此，一种最符合六度思维的营销策略出现了——葛兰素史克大量出资赞助一些医学的学术会议，而参加会议的一般都是各个医院的知名医生或者一些医学院的顶级专家教授，他们其实组成了一个医学的专业高端人才的圈子。作为医药公司，本来根本搭不上这些医学专家的关系，但通过赞助会议，它就有机会大量接触众多国内医学圈内的顶级专家，并通过会议结识更多的医学界人士，最终与国内的医学界专业人士建立起最紧密、最广阔的关系网络。

在通过医学学术会议或者其他医学活动建立起与国内医学界知名专家的联系

之后，葛兰素史克就很容易通过这些知名专家，利用这些专家的社交网络，再把自己的影响向更广阔的范围传导，最终建立起一个几乎渗透了整个中国医药系统的灰色利益网络。

当葛兰素史克的商业贿赂被媒体曝光后，自知理亏的葛兰素史克向中国广大消费者公开道歉，涉事的中国分公司的一些高管也受到了法律的严惩。然而，作为一家世界知名的医药公司，在外国就能本本分分地遵纪守章，而到了中国，为了追求商业利润就大肆进行商业贿赂与逃税犯罪。这种橘生淮南则为橘，生于淮北则为枳的现象，更值得我们反思。

其实，葛兰素史克并不是唯一一家被中国的关系论征服的跨国公司。2013年，美国《侨报》公开报道了摩根大通在中国大量聘用高层领导的子女，用以广泛结交中国的高级官员，建立起盘根错节的关系网络，以追求政府在政策设计中的特殊照顾，进而追求自身利益的最大化。其实，这也是通过了一种六度思维，当自己没有能力与那些手握重权的高级官员建立起直接联系时，借助中国的关系论，将纳入自己体系的高官子女作为中间环节，逐步建立起最符合他们利益的社会人脉网络。

当然，中国的关系论，说白了就是一种人脉的开发、维持和利用的理论。正是由于整个社会都以一种近乎病态的执著，追求最大限度地开发自己的人际关系和社会交往层面，而这种人脉管理理论，其实就是前些年国内一度热炒的六度人脉观点。

六度人脉中的关系论

六度分隔在西方国家通常只被视为一种简单的社会学现象，用以揭示在网状分布的社会中，个人与其他社会成员之间紧密或松散的联系。然而，当它被传入中国以后，聪明的中国人很快就发现它在指导为人处世中的益处，因而本来只代表一种社会普遍规律的现象，却被逐渐改造为一种为人处世的原则，这就是国内很多媒体一度大力吹捧的六度人脉。

所谓的六度人脉，当然还是建立在六度分隔这个简单的社会现象之上，但它更强调把自己社交网络中的每一个人都视为自己的人脉资源，并充分开发或者利用自己社交网络中的成员对于众多不在自己社交网络中的其他社会成员的影响力，进而通过人际关系网络强化这些间接的人际关系的影响力和作用力，实现其他社会成员对自己价值的最大化。

当然，由于六度人脉完全脱胎于我们一直在研究的六度分隔以及由此决定的六度思维，因此它的思维方式其实与前文所分析的六度思维存在明显的相近之处。然而，在笔者看来，尽管六度人脉的确把握到了六度分隔所论述的人与人之间的间接联系，但过于功利化地追求个人的利益目标，而把自己社交网络中的众多成员或者由自己社交网络成员联系起来的其他社会人士，仅仅视为实现自己目标的工具，通过一种过于明显的实用主义思想指导，反而容易把六度思维引向歧途，也容易阻碍六度思维的顺利实现。

本书所倡导的六度思维，的确也是建立在六度分隔这一社会现象的基础之上，并借助这种思维模式，洞察人与人、事物与事物之间直接或间接的关系，通过理顺彼此之间的关系，实现人与人、物与物之间的和谐共处，保证资源，特别是人的影响力在链状分布的人际网络或者社会网络中的有效传导。

六度人脉只是将人与人之间的关系简单地视为人脉。所谓的人脉，其实是根据功利的原则，单纯地选出能给自己带来更大利益的人际关系，而自动筛选、忽略掉了那些在实用主义者看来毫无利用价值的人与人之间的关系，而把人际关系简单视为一种商业交易，一种权与利的交换。这样的思维，其实已经把人际关系简单化、脸谱化，甚至妖魔化了。

正如前面所说的关系，在现代社会中，每一个人所追求的关系已不再是字面意思上的人与人之间的联系与影响，而是更多地追求一种功利的价值判断，是一种对我们有帮助、符合我们利益选择的人际交往。

在日常生活中处理一些事情时，人们经常提及的找关系，并不像我们在六度分隔中寻找两个个体之间直接或者间接的联系那么简单。我们更多地关注通过什么样的途径，能使我们的目标对象做出有利于我们利益的行为选择。

基于这样的思想基础，六度人脉把我们每一个人成功的关键都视为人脉的作用，几乎完全抹杀了我们每一个人的个人作用，而把他人，或者说通过六度分隔关系建立起来的人际关系网络中重要人物的帮助和支持，视为成功最关键的因素。这样的思维模式只会创造出更多的投机者和懒汉，却无法激励我们努力奋斗、争取更为光明的未来。

六度人脉把人际关系视为一种有用的资源，因此决定人与人之间关系的到底是不是一个人的人脉，关键在于他们的交往能否帮助这个行为主体。此外，我们每一个人的交往对象是否具有值得交往的价值呢？

我们生活在这个世界上，每天都要与身边的所有人打交道，建立各种各样的社会联系，这是一种客观现实，而我们的生活自然就会建立起我们各自的社交网络。然而，需要注意的是，我们在与他们进行交往的时候，并非总以一种功利的心态来判断这个人对我们是否有价值，是否以后就一定能够帮助到我们。

比如说，我们小时候会与很多小朋友一起玩耍，只要年龄相仿，在纯净的小朋友眼中根本就没有穷和富、高贵与低下之分，哪怕是亿万富翁的孩子照样能与路边捡破烂的流浪汉家的孩子一起快乐玩耍。在成人的眼中，对于捡破烂的小孩而言，他们能与有钱人家的孩子一起玩耍，如果就此成为朋友，那么日后，也许就有可能从这个有钱的朋友身上获得好处。因此，对于穷孩子而言，拥有一个富有的朋友就应该是一种资源，就是他可以培养或加以发展的人脉资源。

反过来，穷孩子自己身无长物、学无所长，如果没有特别的天赋与机遇，他长大以后，有极大的可能仍会生活在艰难困苦之中。对于富孩子而言，这个穷朋友实在是没有太过光明的前途，似乎看不到有什么可以帮到自己的地方，显然他根本不够资格被称为一种资源。因此，基本不会有富人会把自己的穷朋友视为自己的人脉；相反，在更多的情况下，穷朋友只会被富人视为一种负担或者累赘。

因此，在坚持六度人脉的人的心目中，人与人之间的交往并不是对等的。人脉往往是一种居高临下的单向力的传导，就好像是瀑布，它只会从高处向低处流动，我们永远看不到低处的水逆流而上，再回到水源地。在这样的思维之下，人与人在社会交往之中往往更愿意根据有用无用的原则，单纯判断交往对象的可利用价值，至少是未来的利用价值。这使得人与人之间的关系不再呈现我们想象中的平等交往、自由往来的态势，而呈现出一种索取与施舍的关系。

当然，我们不否认，在现代商业社会之中，六度人脉者所推崇的居高临下的不对等交往行为的广泛存在，但它绝不会是社会交往的唯一形态，也不应该是社会交往的唯一形态。无论是穷人也好、富人也罢，高官也好、平民也罢，也许我们并不真的在乎，也不愿意保持这种不对等的人际交往关系，大多数人可能还是追求超脱了利益关系的、纯粹的、人与人之间朴素或简单的社会关系，而这才是六度思维真正关注的对象。

人脉真是成功的关键吗?

比尔·盖茨和巴菲特都是我们熟悉的著名大富豪，在很多人看来，他们都是依靠自己的努力，从零开始奋斗，为自己打下了数以百亿计的身家财产。在很长一段时间内，他们始终排在世界富豪榜的前两位。当然，想必不少人曾看到一些故事，说他们的成功奥秘就在于他们都是富二代。因为比尔·盖茨和巴菲特的父母都是在美国商界中名震一时的知名人士，正是得益于父母的帮助，他们两个人才能获得普通人根本不可能得到的发展机遇，因此成就了两个人的成功。

在比尔·盖茨开始他的创业生涯时，接到的第一笔生意是替自己的学校编写一套课程表编排系统，这当然得益于盖茨与学校决策层的良好关系。他的第二单生意是替华盛顿大学实验学院设计一套学籍管理软件。值得注意的是，尽管比尔·盖茨本人与华盛顿大学似乎并没有什么直接的联系，但他的母亲玛丽·盖茨是华盛顿大学的教师，而且她可不是一名普通的任课教师，而是华盛顿大学的董事；同一时期，盖茨的姐姐也在华盛顿大学学生管理协会担任职务。正是由于盖茨家庭与华盛顿大学千丝万缕的联系，盖茨也就幸运或者理所当然地获得了华盛顿大学的这笔大单。

1975 年，20 岁的盖茨做出了人生最为重要的选择之一——他离开了哈佛大学，与自己的伙伴保罗·艾伦共同创建了微软公司。公司成立后不久，微软公司就接到了一单大生意，为著名的 IBM 公司提供软件服务。几年之后，微软公司成为 IBM 公司电脑操作系统的供应商，由此促成了 MS-DOS 和 WINDOWS 两款伟大电脑操作系统的问世。乍听起来，年少轻狂的盖茨同学是不是相当了不起?

等一下，刚才忘记提醒大家了，其实刚刚已经提到了，盖茨的妈妈是华盛顿大学的董事，同时也兼任国际劝募协会的主席，而当时 IBM 公司的董事长弗兰克·卡利恰好是这个国际劝募协会的董事。当然，也有人说玛丽·盖茨当时也在 IBM 公司担任董事一职。正是通过玛丽·盖茨的内部关系，作为一个毛头小子的比尔·盖茨才能得到如此了不起的商业订单。如果没有玛丽·盖茨从中斡旋，在技术上并无伟大突破的 MS-DOS 操作系统怎会入得了当时的巨无霸 IBM 公司的法眼?

顺便说一下，玛丽·盖茨也不是真正白手起家成长起来的。玛丽·盖茨的外公是华盛顿州著名的银行家，也是当时挺有名气的半大不小的富豪。玛丽·盖茨的父亲普莱斯顿·威廉·盖茨算是凤凰男攀了高枝，但也不是等闲之辈，到了玛丽·盖茨创业的时候，作为一名知名律师，普莱斯顿·威廉·盖茨创办的普莱斯顿·盖茨·埃利斯商务律师事务所已成为全美律师事务所百强之一，他的业务遍及美国及亚太地区，很多知名大企业都是玛丽·盖茨父亲的商务伙伴，这同样成为玛丽·盖茨在创业初期可以依赖的重要的商业人脉资源。

同样的情况也发生在沃伦·巴菲特身上。巴菲特的父亲霍华德·巴菲特是美国颇有名望的国会议员，同时也是一名资深的股票经纪人，在政界和金融界都拥有极深的人脉资源。正是在父亲的引荐之下，巴菲特在很小的时候就对金融投资产生了浓厚的兴趣。在他的自传中，曾经提到 8 岁时父亲就带他参观了纽约证券交易所，而当时担任向导的正是高盛公司的董事，这样的待遇可是喜欢证券交易的普通小朋友所不能享受的。

1964 年，霍华德·巴菲特去世时，给事业正处于迅猛发展阶段的 34 岁的沃伦·巴菲特留下了 56 万美元的遗产。当然，这听起来并不算很庞大的数字，毕竟当时巴菲特的个人资产已经超过 100 万美元了。但是，在半个多世纪之前，56 万美元这个数字足以把一个人带入富豪的行列。正是得益于父亲遗产的注入，巴菲特合伙人公司的资产规模才得以迅速增长，这也为巴菲特的投资事业插上了成功的翅膀。

其实，尽管上面这两段故事并不为人所熟知，但近年来却在互联网中广为流传，成为证明关系是万能的或者没有关系是万万不能的重要事实证据。

当然，上述案例的确可以从一个侧面证明六度分隔的重要。你看，尽管盖茨本人不认识华盛顿大学的领导，也不认识 IBM 的高管，但是只需要通过妈妈的中间介绍，盖茨就可以结识对方，并与对方建立起业务往来。设想一下，如果没有母亲的中间作用，作为一名大学辍学的传统意义上的不良学生，根本不会有哪个单位愿意多看盖茨一眼，更不要提把生意交给这个不靠谱的毛头小子了。

同理，因为父亲是股票经纪人，当然只需要通过父亲的介绍，巴菲特就可以结识很多股票投资圈内的高人，这也为年轻的巴菲特提供了学习、提高以及发展的机遇。只需要成功地融入父亲带他进入的投资圈，巴菲特就能得到更多的商业投资圈中内部人士的帮助和支持，因此巴菲特才能在美国的金融投资界慢慢建立起自己的商业帝国。

然而，上述观点可能在很大程度上夸大了关系和人脉对于个人发展所能起到的作用。试想一下，在美国的商界，盖茨和巴菲特的家庭固然不是普通老百姓，但也绝对不是顶级豪富，最多也就算一个小富翁罢了。美国拥有那么多比盖茨家和巴菲特家更有权势、更有钱的家庭，为什么没有再多出几个盖茨或者巴菲特呢?

正如我们年轻时在学校中学习马克思主义哲学时所学的那样，真正决定盖茨和巴菲特成功的是他们本人的能力和素质，这是最根本、最核心的因素，而家庭的帮助只能算是帮助他们更为顺利地实现人生目标的外部因素。外部因素能够影响内部因素的成效，却永远不可能成为制胜的关键。

六度人脉讲究通过人际交往关系，利用自己社交圈里的人的中间作用，帮助自己去结识更为重要的人群，以促进自己的事业成功。然而，这些过度宣扬六度人脉的人往往夸大了关系和人脉的作用，反而有意或者无意地忽视了自身的内功修炼。

的确，当前在国内一些领域，关系看上去是比能力更值得信赖的资源。只要有关系，你就有可能在各个方面的竞争中处于其他竞争对手根本没有办法追赶的绝对领先地位。然而，这种领先并不取决于你自身能力的强弱，而是依赖于你的某一个拥有绝对权威的关系户的支持。一旦你的靠山不复存在，那么你成功的基础也就消失了。

相信在比尔·盖茨创业时，以 IBM 董事长的交际能力，能够攀上他的交情，赚 IBM 点小钱的人也许并不在少数，毕竟玛丽·盖茨和 IBM 董事长卡利也只是商业伙伴，并不是发小，更不是铁哥们，与 IBM 董事长的关系比盖茨母亲更近的应该也不会太少。显然，这些人也能通过与 IBM 的董事长套套近乎，然后从 IBM 的口袋中掏出一些小钱来。

然而，在众多凭借与 IBM 的关系赚钱的关系户中，为什么只有一个比尔·盖茨最终成长为顶级富豪?要知道，当今的微软甚至取得了远超 IBM 的企业地位。上述问题的答案其实很简单，因为师傅领进门，修行靠个人。尽管是依靠走后门的方式取得了 IBM 的订单，但比尔·盖茨的 MS-DOS，BASIC，WINDOWS 等产品的确拥有过人之处，最终是产品赢得了客户的心，才慢慢在 PC 领域确立了微软的领导地位，而不是比尔·盖茨了不起的妈妈、爸爸甚至外公的背后支持。

尽管借助互联网媒体的力量，像王思聪这样的×二代们开始被我们所认识和了解，但不知从何时起，“坑爹”已成为形容众多×二代们最常用的名词。从醉酒驾车伤人的“我爸是李刚”事件，到先当街寻衅滋事打架斗殴、再酒后轮奸妇女的李双江的儿子李天一，从网上炫富专坑干爹的郭美美，到聚众吸毒的著名影星成龙之子房祖名，一桩桩热点事件背后都标记着大大的“坑爹”两字。

如果单从人脉资源来看，这些×二代们都有一个具有较高的社会地位、较大的政治权势、掌控大量财富资产的亲爹或者干爹，他们自然可以利用这个社会资源获得他人难以得到的发展机遇。然而，机遇从来只会青睐那些有准备的人，只有有能力的人才能真正抓住这些由自己的父辈传递下来的黄金机遇，而那些认为自己可以一辈子吃父辈的老本，而根本没有自力更生心理准备的×二代们，是根本没有能力把握这些在一般人看来千载难逢的机会的，而只能不幸地沦为坑爹的败家子。

如果来源于六度分隔的六度人脉真能决定人的成功，那么这些来自祖辈人脉的差异将完全决定一个人的未来命运。龙生龙，凤生凤，老鼠的孩子会打洞，祖辈的身份就将完全决定后一辈人的身份和命运，而个人根本没有能力扭转这种命运的安排，那么人定胜天、爱拼才会赢再也无法成为激励人生的口号。事实上，即使在阶级差异更为明显的奴隶社会、封建社会，这种阶级的差异也不是永远固定的，个人的努力和能力也会引领一个人超越以前的阶层而赢得更高的社会地位。

王侯将相，宁有种乎？即使是在等级森严的封建社会，地位低下的普通民众也有建功立业、封官晋爵的远大志向。来自统治阶层的社会群体固然会在与底层人民的竞争中拥有更多的先发优势（当然，这种优势往往来自祖辈的努力给他们创造的人脉、权势或者财富的优势），但这种先发的优势完全可以被人的自身素质这一后发优势所抵消。只要个人愿意付出努力奋斗，就有可能打破这种固有的阶级差异，实现个人的成功，哪怕是屌丝也有机会逆袭×二代。

人际交往的双向反馈

对于很多把由六度分隔现象所决定的人与人之间的社会关系视为人脉资源的人而言，他们更多地把社会人际网络中的影响力视为一种由高能个体传递到低能个体的单向能量流动和信息反馈。

如前所述，由于资源占有情况的差异，即使共处同一社会网络之中，不同的社会成员所拥有的社会地位以及影响力是存在巨大差异的。在通常情况下，由于高能个体能够拥有更多的社会财富、社会地位、政治权势以及由此所决定的资源配置权力，他们针对社会资源在不同社会群体之间的分布拥有更大的话语权；换言之，这些高能人士能够对身边的其他社会成员施加更强大的影响力。

即使不是这些高能人士本人，但作为这些高能人士的亲属，或者与他们能够保持紧密社会联系的其他社会成员，都可以在社会网络之中，通过这些高能人士串联起社会资源的分配和人际关系的联结，从而达到借力的目标，进而有效利用这些高能人士的社会能量，获得单靠自身能力所不可能取得的发展机遇。这就是本章着重分析的×二代拥有的特定竞争优势。

在一些宣传人际关系交往和个人成长的励志类畅销书籍中，为了淡化人与人之间本身的素质可能对于个人成长所造成的瓶颈，迎合更多在个人能力与社会资源占有方面处于不利地位的读者愿望，一些作者往往喜欢过多地夸大六度人脉这种借助人与人之间的链式关系，为一些缺乏社会资源支持的低能个体提供特殊的能量注入，就能获得个人发展的成功捷径。

当然，从读者的心理来看，接受六度人脉可以更好地满足自己的虚荣心。你们看，我之所以没有获得成功，不是因为我自身没有能力，而是因为能力不是决定成功的关键因素，关系和人脉才是真正决定个人成功与否的关键。我的不成功是因为我的父母不是富一代或官一代，我的父母没有为我提供成功所需的社会资源，特别是人脉支持。原来，不成功不是我的错，而是父母的错。这样一来，我们就更容易接受自己的不成功，可以坦然地说服自己；没事，你别看比尔·盖茨和沃伦·巴菲特那么成功，其实他们没什么了不起的，要是我有一个与他们一样的好爸爸、好妈妈，也许我比他们还要成功。

借助这样的六度人脉思维，我们会更多地接受高能人士运用自己的社会资源对于低能人群的支持。因此，这种影响力在人与人之间的流动，就好像水永远会从高处向低处流动一样，也将永远只会从高能人士向低能人士流动。

如果在社会网络中，高能人士永远是施舍者，而低能人士永远是索取者（看上去，有舍有得的社会组合才能稳定），那么没有人永远是活雷锋，而始终处于给予的角色。之所以高能人士愿意向低能人士提供支持，那是因为低能人士能够从心理、感情、物质等很多方面为他们提供某种真实的或者潜在的补偿。

比如说，如果您拥有比较富足的家庭条件，那么在社交圈内，由于您掌握较多的财富资源，因此您自然成为了财富的高能人士。如果在日常交往之中，有很多或远或近的朋友都向您提出借钱，甚至直接救济的要求，您会不加犹豫地全部答应吗？

相信即使您拥有神笔马良那支可以点石成金的神笔，您也不会不加选择、不假思考地同意所有的借钱或者救济的请求。那么，您是根据什么来决定是否借钱或救济呢？显然，您与请求借钱或救济者的关系远近，是您做出决断的最重要因素。

如果请求借钱或救济者是您的父母、子女、兄弟姐妹，由于你们拥有血缘的联系，那么为他们提供经济支持，可以进一步巩固你们之间的联系，让您更深刻地感受到血浓于水的亲情；您也可以从这种对亲人的经济支持中，得到亲人更多的认同、赞扬、信任，从而获得精神上的成就感，这恰恰是您愿意向亲人提供经济支持的关键。

如果是朋友向您借钱，您的第一判断往往是你们之间的关系有多深。如果是有十年交情的发小、铁哥们，您将认同你们彼此之间的感情，那么对您来说，提供经济支持以维系这种深厚的友情是一个合理的选择。

如果你们只是一面之交，您根本不认同或者不在意与借钱者之间的联系，至少您觉得与这位借钱者之间的交情并不值得他向您提出的借钱数字，那么说“NO”就是一个很正常的选择。

此外，当对方向您借钱时，作为一名理智的出借方，您的自然反应就是在心中预判对方的还款能力。如果他拥有更高的社会声誉或者更多的经济实力，那么这些都可以视为借钱者的信用保证，因此这就足够让您放心大胆地把钱借出去。相反，如果对方的经济实力较差、信用状况不佳，您肯定会担忧借出的资金成为打狗的肉包子，最终一去不复返。

其实，如前所述，也许资源，比如说钱、权力的确是从高能人士向低能人士单向流动，但他们之间的社会联系并不是此处所说的资源这种单向流动。这种资源的流动必须伴随感情、理智、利益等各种因素在双方间的相互反馈。

当然，在我们看来，由于高能人士拥有更多的社会资源，因此在人际交往过程中，将会更多地表现出对于交往链中其他成员的影响力，因此显得更具主动性，而在很多人看来，社会交往链中的低能人士只能被动地接受高能人士的施舍或者帮助。然而，世界上并没有太多一心为他人着想，而根本不考虑自身利益的人。即使是一心为他人服务的雷锋，他的乐于助人也是建立在自己能够从帮助他人中获得更多的成就感和幸福感。这种看上去虚幻的感觉，却是支撑雷锋精神的重要精神动力。正因为当今社会并没有太多的雷锋，因此我们才会积极地宣扬和鼓励雷锋精神发扬光大。如果满大街都是活雷锋，那么就根本没有学雷锋的必要了。

因此，我们看到的众多高能人士帮助低能人士的行为，貌似只是一种自上而下的单向的影响力传导，但其背后往往还有一些隐蔽能量的传导。我们只看到盖茨的妈妈对于盖茨事业的巨大帮助，却没有注意到盖茨对于妈妈的亲情和关爱以及巨大的精神慰藉。我们只看到众多×二代们从自己的父母那里获得了太多普通人无法获得的优异成长环境，却没有看到满足子女的生活需求给父母们带来的满足感和成就感。这种感觉其实并不比这些成功人士达成一项大的商业合同所带来的成就感更低。

当然，我们所看到的很多六度空间之中人与人之间的影响力，并不完全局限于亲人之间，但这种双向影响力的传导也是一种常态。例如，我们很多人都痛恨生活之中的权钱交易腐败现象，然而它恰恰揭示了腐败过程中双向影响力的传导机制。身居高位者利用自身的权力给寻租者提供各种便利和特别的照顾，而寻租者往往也不是坦然自得的，可以安然享受腐败者提供的特殊待遇，可能他与腐败者之间存在一定的紧密联系，比如他们是亲属、朋友，因此可以从感情上给腐败者提供一定的满足感，要不更为常见的情况是，寻租者需要为腐败者提供一定的经济回报，你给我权力，我给你利益，双方各得其所。这样才算是构成了一整套双向反馈机制，也就是通常所说的权钱交易。

除此之外，我们经常会把高能人士对于低能人士的慧眼识英雄式的帮助视为一种真正的无私帮助。特别是随着互联网经济的兴起，很多拥有新颖创意的创业者都梦想得到伯乐的欣赏，获得来自资本方的风险投资或者天使投资。的确，对于这些除了梦想几乎什么都没有的创业者而言，愿意为他们的事业投入真金白银的投资者的确如天使般伟大。在创业者看来，在这些投资过程中，投资方往往是提供帮助、施加影响力的一方，而接受投资者更像受到了施舍，处于被动接受的角色。

然而，我们必须看到，互联网经济之中的投资仍是真正意义上的商业行为，选择这些创业者并不是投资者的菩萨心肠，而是商人追求利润的天性。之所以投资者愿意针对某创业者的投资事业提供资金支持，纯粹是因为他们认为这些创业项目拥有成长的潜质，一旦得到充足的资金支持，假以时日，如果这些投资项目能够得到市场的普遍认可，那么就有可能给投资者带来数十倍、百倍，乃至更高的投资回报。

在这些投资过程中，我们只看到了投资者的资金支持给创业者提供了巨大的帮助，把它视为投资者对于创业者的无私支持，然而我们往往忽视了创业者的创业活动有可能为投资者创造巨大的财富机会，这恰恰是创业者对于投资者反向施加的影响力和作用力。

在2014年中国互联网经济的发展中，京东商城和阿里巴巴的上市绝对是值得历史铭记的事件，刘强东与马云借助这两家公司的上市，使个人财富迅速飙升，成就了个人的创业神话。也许我们过于关注刘强东与马云两位互联网创业领袖的个人英雄事迹，却忽视了在这两家公司成长的过程中，为它们提供资金支持的企业。事实上，京东商城和阿里巴巴绝对没有辜负众多投资者的期望。在2014年5月22日于美国纳斯达克证券交易所上市之前，京东一共接受了6轮外部投资者的战略性投资。其中，最早对京东投资的今日资本的投资，仅仅经过7年就增长了100多倍，这样的创富神话也是很多投资者梦寐以求的成功机会。同样，阿里巴巴在美国纽约证券交易所上市后，在早期对阿里巴巴做出投资的日本软银和美国雅虎都赚得盆满钵盈。见证了这一系列的成功案例，我们怎么可能把这些资本方对于互联网创业企业的投资看成单向的纯粹施舍呢？

事实上，正如我们在学习物理时所学到的基本知识，力的传递是双向的。假如您向一个事物施加一个力，那么它其实也会对您施加同样大小的反作用力。正如我们用力挥拳打人，在打痛别人的同时，自己的拳头其实也会痛的道理一样。我们的人际交往同样存在着双向的信息反馈机制，人与人之间的影响力和作用力将会沿着人际交往的关系链，同时朝着两个不同的方向发挥作用。

正是由于×二代们对于掌握大量社会资源与经济资源的父母拥有巨大的影响作用，因此他们的父母才会反过来，为自己的子女提供各种有利的物质条件或者社会条件。与他们相比，也许我们能够认识这些×二代们的父母，即他们的父母同样处于我们的社会交往链之中，但正因为我们对于这些富一代或者官一代们并没有大的影响力，当我们无力影响他们时，即使他们有能力帮助我们，也不愿意毫无回报、毫无目的地对我们提供帮助，处于我们之间的影响力大小完全是平衡的。从这个方面来看，在现代社会发展之中，×二代们拥有对于父母的高强度影响力，从而能够保证父母反过来对自己施加强大影响，这就是他们的竞争优势。然而，如果这些×二代们没有足够的能力去驾驭父母提供的超乎常人的物质基础，坑爹也就在所难免。

第十章
六度思维的处世哲学

圈子思维

六度思维往往需要关注不同社会主体的社交网络的相交与重合，进而研究在社交网络之中，沿着社会主体的社会交际链条，实现影响力的跨主体传导的机制与作用。传统的六度分隔只关注大千世界之中，看似毫无关联的两个行为主体之间间接联系的形成，从而表现为一种客观规律的归纳与总结。本书所研究的六度思维突出了人在社交网络之中社交系统的广度和对于自己社交系统之中其他成员影响力的强度，更多地强调影响力在网状社会经济体系之中传导和衰变的机制。

当然，如果不同社会主体在社会活动中存在一定的交集，一个人就会与其他社会成员在某一个交际层面上汇集于一点，也就是通常所说的，大家共同构成了一个社会交际圈。在这个圈子中，多个社会成员会参与相同的社会活动，彼此之间形成更为紧密的社会联系，从而保证了成员之间强大的向心力和凝聚力，使得成员之间的影响力能够在同一个层面上保持较高的传导效率。如果能够通过圈子传导影响力，当然能够实现事半功倍的效果。

然而，每一个社会人都会通过各种社会活动，与其他社会成员发生这样或者那样的联系，这也使得他同时处于不同的社交圈。尽管在不同社交圈中的社会交往会挤占该社会人的时间与精力，致使不同的社交圈之间会产生一定的摩擦与冲突，但从总体而言，同一个人身处的不同社交圈之间仍会存在明显的交织和融合，不但不会产生将该成员排挤出圈内的离心力，甚至会强化圈子对于内部成员的凝聚力。

比如说，中国人一向奉行学而优则仕，所以我们看到，无论哪一名社会成员，只要能在你所处的领域产生巨大的影响，那么无论财富、名望，甚至政治地位都会接踵而至。最为典型的是，在每年的两会代表中，有很多都是在各行各业做出了突出贡献的社会成员，比如知名演员、知名学者、作家、体育运动员。

例如，长期作为中国体育一面旗帜的刘翔、姚明、孙杨都是两会代表。的确，作为一名优秀的运动员，他们在自己的领域已经闯出一片天地，在国际竞技场也形成了巨大的影响力。从他们的日常活动来看，其实他们只是国内运动员圈中的活跃分子，特别是当他们还活跃在体育竞技场之时，作为一名专业运动员，他们的主要时间都投入了训练与比赛，他们接触的通常是其他运动员、教练员、理疗师、康复师、医生等与体育运动有关的人员，根本没有时间去接触更广泛的社会群体或了解社会基本情况。因此，其实他们最多只能代表他们所归属的体育运动队，而不能代表更为广泛的社会成员，把他们选为代表广大人民群众行使当家做主权力的人大代表或政协委员，恐怕并不具有非常良好的代表性和实际价值。此外，每年两会期间，像刘翔这样的知名运动员因为参与体育比赛而经常性的请假缺席，更使得这样的代表权行使成为一纸空文。从某种程度上说，这些知名运动员并不具有很好的代表人民行使当家做主权力的代表性，他们担任两会代表所发挥的价值，远不如他们在竞技场上的表现更为精彩。然而，事实上，我们所看到的两会代表中这样演艺圈、体育圈、文化圈的名人比重相当大。同理，只要你能够在自己的领域创下突出的成果，打出你的社会知名度，那么你被选拔担任两会代表、进入主流政治圈的几率就远大于普通民众。

试想，如果没有在本领域或者本身所属圈内的巨大影响力，这些明星大腕们怎么会有机会获得在政治圈中的巨大影响力呢？正是由于在本领域的巨大影响力，才使他们通过六度分隔，把自己的影响力扩展到更大的领域，最终创造出新的活动圈和活动范围，从而实现跨界，将自己的地位和作用从一个社会圈扩展到其他领域，并以此开拓新的活动圈。

脱胎电阻理论的六度思维

通常说来，每一个人都有自己的社会交往圈，每一个人都会与自己圈中的其他成员发生高频率的社会活动，从而与其他人形成相互影响的紧密联系。由于交往对象与活动内容的差异，每个人都是身处多个社会交往圈之中，并且在不同的场合与不同的交往对象发生着不同形式、不同内容的交互影响与联系。

简单地看，对于同一个社会成员所处的不同交往圈，至少它们的交集是这个人；或者说，至少可以通过该成员串联起两个看似没有太大联系、太多交集的社交群体。事实上，不同的交往圈往往拥有更多的交集，每一名社会成员的交往对象往往会拥有多个交往对象，同时身处不同的社交圈，这也使得不同的社交圈之间往往可以通过多条不同的途径形成有机的联系，进而组成网状的社会交往圈。

在整个社会网络之中，不同的社会成员也许看上去相隔甚远，但只要合理地确定他们所处的社会群体，并且从整体上把握两个群体之间的相互联系、相互作用的关系，找寻不同社会群体之间的交集，我们就可以轻松地建立起它们之间的间接联系。当然，这样的间接联系并不一定只是通过一个中间环节就可以实现的三度分隔空间，而是需要根据这两个社会群体之间联系的远近、相似处的多少来寻找建立它们之间的桥梁。此类中间环节往往在五个之内，这才是六度分隔的基本原理。

当然，根据前面的分析，在网状分布的社会组织之中，不同的社会群体之间通常会拥有多个交集，这也意味着我们可以构建出多条关联特定社会主体的“链条”。关键在于，根据六度思维的分析框架，我们应该寻求能够最大限度实现不同社会成员之间的影响力沿着相应关系链条进行传导，同时能够最大限度地保证影响力传导效率的人际交往链条。

正如物理学上所说的力的传导一样，由于存在摩擦力等阻力因素，因而力的传导往往会伴随力的作用机制而产生衰竭。力传导的环节越多，在其过程中发生的损耗就越大。换言之，在同样的条件下，中间环节越少，通常就能实现力的最有效传导。

就好像任何一条电线这样的导体都会存在电阻，随着电流在电线上的传导，电阻就会把电流转化为热能，引起导体的温度上升，同时伴随着电流的下降。根据物理学的基本知识，决定电阻大小的因素包括导体材料的成分、导体的长度和横截面积。事实上，我们完全可以把电阻的一般规律应用到六度分隔的人际关系之中。

最容易理解的是导体长度对于电阻的影响，正如物理学中揭示的那样，导体的长度越长，往往会带来更大的能量损耗或更大的电阻。就好像一条小溪，流淌的距离越长，在整个溪水的流淌过程中，就会有更多的水被土地所吸收，因此导致溪水的溪流持续缩小，直至干枯。在人际关系之中，也会发生同样的情况。对于同一件事情，如果中间环节越多，反而容易导致不同环节之间的衔接出问题，进而造成整体运行效率的下降。

在生活之中，我们在面临看病或者孩子入学等问题时，第一选择往往都是找熟人。的确，如果真的可以在自己的交往圈内找到与自己所遇事情直接相关的朋友，直接形成彼此之间的托付，那么问题通常容易解决。但是，如果所托的朋友再通过朋友的关系，经过多个中间环节才托到能够解决问题的那个人，则效果就会减弱。尽管通过六度分隔，我们利用不同的社会交往关系找到了与关键人物之间的间接联系，然而每一层托付的背后，往往都是行为主体影响力的削弱，经过四五个循环之后，行为人的作用力和影响力往往被多个中间环节所耗尽，那么行为人对于终端社会主体的影响基本就可以忽略不计了。

比如说，当您的父母因病住院，需要开刀做手术，为了求得心安，您肯定希望找到掌刀的那名主治医生，塞个红包、托个关系，希望能够得到特别的照顾。假如这名主治医生恰好就是您的朋友，那就很好办了，即使您没有给红包，但由于你们彼此之间的紧密联系，在同一社会交往网络之中的两个相邻主体之间必然会存在紧密的交互作用，这也保证了影响力在这条交往链中的有效传导。

如果您不认识这名主刀医生，可是您的某个朋友与这个主刀医生很熟，那么你完全可以托您的这位朋友当中间人，介绍你们认识。当然，需要的话，也可以包一个大大的红包。但是，因为两者之间多了一个中间环节的存在，必然导致这种相互的影响力在经过中间环节的过程中出现损耗。即使是包相同金额的红包，您对于主治医生的影响力水平，与直接联系相比，必然存在一个明显的弱化。

更为复杂的情况是，您的所有朋友都不认识这名主治医生，但您的某一名朋友的朋友，甚至更为遥远的关系，可以帮您联系到这位有名的大夫。那么，您的努力即使能够传导到主治大夫那里，但有可能其影响力基本已在中间途径完全耗光。从人际交往链最前端的您，到最终的目标决策者，其影响力也是处于不断弱化的。

可能很多人听过曾参杀人的典故。曾参是孔子的学生，也是当时远近闻名的大贤人。一天，有一个与他同名的人在外乡杀人犯了罪，很快曾参杀人的消息就传遍了曾参的家乡。一个邻居听说了这个消息，赶紧跑去对曾参的母亲说，你的儿子犯下大罪了，杀人了。曾参的母亲安然地继续织自己的布，斩钉截铁地说："我的儿子是孔圣人的弟子，是不可能杀人的。"然而，过了一会儿，又有一个人跑来对曾参的母亲说，你儿子杀人了。此时，曾参的母亲还是一口咬定自己的儿子不会杀人，但口气已没有刚才那么坚定了。再过一会儿，当第三个人过来对曾参的母亲说曾参杀人时，曾参的母亲就彻底相信了传言，因为害怕自己的儿子杀人并牵连到自己，她赶紧丢下手中织布的梭子，翻墙躲到外面去了。

此外，正如曾参杀人的典故所揭示的那样，一件简单的事情只需要经过多个中间环节，就很容易出现消息的扭曲，造成以讹传讹，如果信息再继续传播，就会出现更大的偏差。其实，在人际交往过程中，也会存在类似于曾参杀人这样的现象，也许某一个行为人的本意是为了实现某一个目标，从而做出行为选择，但如果这些行为不是直接作用在最终对象之上，而是通过多个不同的中间环节，就容易出现行为与目标的偏离，最终行为人的行为选择不仅没能按计划那样实现最初的目标，反而由于在人的交往链中较为常见的信息失真和行为扭曲，导致行为运行效率的降低和作用效果的偏差。

因此，与导体长度影响电阻强度一样，在社会交往过程中，当我们计划实现某一行为目标时，为了减少行为执行过程中的扭曲与损耗，我们必然要选择最短的作用路径。也就是说，如果在两个行为人之间存在多条间接联系的路径选择，只有最短的路径才是最有效率的。在六度分隔的过程中，我们必须选择中间环节最短的作用路径，以实现不同行为主体之间的有效联系。

在物理学关于电阻的知识中，如果导体的材料不同，则对于导电性或者电阻也具有明显的影响。我们都很清楚，像水、金属的电阻都很弱，导电性都很强。因此，如果出现漏电，通过水或金属导电，就很容易使接触到的人触电，而像泥土、橡胶、木材等材料的电阻就相对大得多。如果电源与人体之间隔着相同厚度的这些材料，人体受到电的打击程度就会表现出明显的差异。因此，经常带电作业的电工身上的绝缘衣服、鞋子等安全产品的制作材料通常都是橡胶。

同理，即使在两个社会主体之间隔着相同层次的中间环节，比如吴秀波的刘德华指数为2，他可以通过与他有过合作经历，同时也与刘德华合作过的多个演员，与刘德华形成间接的联系。看上去，在不同的路径选择条件下，在吴秀波与刘德华之间都只隔着一个人，但吴秀波对这名介于两人之间中间人的影响力以及这名中间人对于刘德华的影响力却是存在明显差异的。如果中间人是一名毫无名气可言、参与过很多影视作品演出的群众演员，虽然他与吴秀波和刘德华都有过合作的经历，但可以想象，在这个链条的两端是贵为“国民大叔”的国产电视剧王牌以及“香港四大天王”、万千中国影迷心中的偶像，而链条中间却是一个连演员表都进不去的龙套演员，也许明星可以对龙套演员施以影响，但在逆向的影响机制中，龙套演员很难对大明星产生相同程度的影响力。这种影响力的不匹配、不对称将决定社会网络中影响力的扩张。因此，尽管通过这名龙套演员就可以建立起吴秀波与刘德华之间的间接联系，但这种人际链中影响力的传导程度是偏弱的。因此，通过这样的中间环节建立起来的吴秀波与刘德华之间的联系也是不稳定的。

反过来，在绝大多数影视作品中，曾志伟基本都是扮演配角，很少有机会担纲主角。然而，即使作为一名万年配角，曾志伟早已在华人影圈拥有了众多的粉丝，也与很多与他有过合作的演员有着非常良好的关系。尽管是配角演员，曾志伟却拥有不逊于天王巨星的巨大业内影响力，因此，作为同时与吴秀波与刘德华有过合作经历的演员，曾志伟也可以作为联系两人关系的桥梁角色。如果通过曾志伟帮助吴秀波和刘德华建立起间接的联系，那么凭借曾志伟的巨大影响力，他足以把处于交际链前端一方的意愿向末端传导，并保证影响力的实现。

尽管都是通过一名角色演员充当两人之间的中间环节，但由于中间环节的不同选择，就会影响人际影响力的差异。从其根本思想来看，类似于在电流导体的选择方面选择不同的导电材料，足以影响电流的传导效率和损耗。其实，两者具有很多的共通之处。

物理学中关于影响电阻的第三个因素是导体的横截面积。对于电流而言，导体就好像是公路，当横截面积大时，就好像拥有更为宽广的公路，因此电流的通行将更为通畅。在导体材料既定、电阻率不变的情况下，导体材料内部的紧密度越松散，往往导致导体通过电流的能力增强，即电阻反而下降了；相反，当横截面更小时，导体材料紧密、彼此作用强烈，对于电流的阻力也就越大。

在六度分隔现象中，同样存在一个非常类似的规律。根据前面分析的结论，我们完全可以利用不同的社会交往圈子，把看上去毫无联系的社会成员联系起来。在这样的社会交往网络之中，充当交际中介的不同社会交往圈的大小，也能决定这种跨越行为主体、实现人际影响力的转移效率。

我们每一个人都会同时身处多个大小存在明显差异的交际圈子。当我们所处的圈子越大，人与人之间相互吸引、相互作用的凝聚力就越弱，从而导致人与人之间更低的影响力传导效率；相反，如果充当交易中介的交际圈子越小，圈内不同成员之间的凝聚力就越强，从而保证更大的影响力传导效率。

例如，即使是同学，也会有同班同学、同年级同学、校友等不同层次的差异。相信大家都可以理解，在一般情况下，在上述的分类基础之中，拥有成员越少的圈子，凝聚力往往更为强大，也就是同班同学之间的感情，通常会强于同年级但不同班级的同学，又会强于不同年级但来自一个学校的校友之间的联系。即使在一个班中，如果你们是同桌或者一直在一起玩耍的一个小圈子成员，那么你们的感情往往更深，彼此的往来也会更紧密。在这层关系下，如果需要通过圈子内部的人，帮助他们彼此熟悉、了解，乃至合作，其效果就会相对强大。反过来，如果充当中介的环节拥有较多的决策者，则对于每一名决策者来说，他可以在适当选择交际广度的基础上，保证自身对于社交网络中每一名成员的绝对支持。

当然，本书所说的交际的影响因素，也就是社会主体的社会影响力如何在更为复杂的人际关系网络之中有效地运用。那么，选择一个我们可以支配、能够最大限度地传导人与人之间社会联系的社交网络群体，即选择小口径、大凝聚力的社交网络应是更为适用的社交圈选择。

在每年的两会期间，很多朋友都会关注两会过程中不同国家领导人的更替，关注国家法律法规的修订。根据《中国共产党章程》，中国共产党全国代表大会应该是中国共产党的最高领导机关，每 5 年由中国共产党中央委员会召集举行，集中商讨决定关于党和国家的重要事件。然而，全国代表大会由数千人参加，比如 2012 年 11 月 8 日至 14 日召开的十八大的与会代表就多达 2 268 人，另有特邀代表 57 人，他们代表全国 8 260 万党员集中行使党的领导权力。在短短一周时间内，尽管所有的与会代表可以被纳入同一个圈子、被标上相同的符号，但由于群体数量过于庞大，相信很多参会代表都没有认全所有的代表时，会议就已经结束了。要提及每一名代表对于其他代表的影响力，可能并不会特别强大。

在中国共产党全国代表大会闭会期间，就应该由中国共产党中央委员会执行全国代表大会的决议，领导党的全部工作，并对外代表中国共产党。在十八届一次会议中，共选举出中国共产党中央委员会委员 205 人，此外还有 171 名候补委员。这三四百人的中央委员会的圈子，显然比刚才所说的全国代表大会代表的范围小了一些，彼此之间的联系也就显得更为紧密。

然而，中央委员会并没有常设机构，也就难以有效地开展工作，行使自身的职能，因此它的工作通常会被集中到中央政治局。十八届一中全会选举出的政治局委员共 25 人，他们所组成的政治局也就成为中国共产党的中央领导机构。在政治局中，真正能够决定党和国家大政方针的是政治局常委，他们也就成为在中国当前的文官体制中拥有最大决策权的社会群体。通常情况下，每一届政府的政治局常委只是七名或者九名，在这样的分类基础下，不同政治局常委的发言权也会得到最大的保证。比如十八届一中全会选举出来的最新政治局常委只有七人，在这样的七人委员会中，每一名常委都拥有巨大的话语权，彼此之间的交互影响力也相当大。与政治局委员相比，政治局常委们每一个人需要与六个人进行交往、进行协商，显然比与 24 个人进行协商更为深入，人与人之间的关联度与作用力显然更强。

其实，从全体党员到数千名党员代表，到三百多名中央委员与候补委员，再到 25 人的政治局委员，最后集中到 7 人的政治局常委，这就形成了当前中国共产党组织领导的框架体制。从分散到集中，从人数众多到数量有限，处于金字塔式管理体制最高点的政治局常委也就拥有了最大的决策力和影响力。

其实，从上述中国共产党的领导体制中，我们完全可以看出不同规模与不同大小的社会交往圈所造成的内部成员彼此之间相互作用力与相互影响力的差异。越大的圈子，成员之间的关联度反而越小；相反，当一个社交圈越小时，不同圈内成员之间的交流越充分、联系越紧密，彼此之间的作用力反而越强烈。这恰恰与横截面积影响电阻的电流理论产生了极为明显的共同点。

从某种程度上说，自然界的很多规律都有共通之处。作为一种社会规律，六度思维看上去只是对一些简单社会现象的归纳与总结，但如果仔细分析，我们仍可以从中看出它与其他自然规律的相似之处，这也许就是六度思维的玄妙之处。

内外有别的远近思维

十八大以来，中共中央加强了反腐的力度，中央陆续派遣了多个巡视组到各省、各中央机关、众多国有大中型企业，甚至高校进行巡视，检查、督导、调查党纪党风问题，重拳出击严打腐败。在一系列的反腐重拳打击下，一大批大案要案被公布于众，很多腐败官员被揪出并受到了法律的严厉处罚。值得关注的是，在一系列的反腐过程中，抵制“山头主义”被着重提出，并开始受到媒体与公众的关注。

其实“山头主义”概念的提出，源于新中国成立前的抗日战争与解放战争时期，中国共产党选择了“农村包围城市，武装夺取政权”的革命路线。由于敌人长期占据城市，并在城市中建立了相对强大的武装力量，革命武装很难与之正面对抗，革命者们只能选择到敌人力量更为薄弱的农村地区开展革命，建立起众多相对独立但被敌人的反动武装所割裂的革命根据地。

在恶劣的革命条件下，不同的革命根据地之间交通隔绝、通信困难，不要说彼此的联系与协作，就连与党中央的联系都不紧密，它们只是在党中央的大政方针指导下，依靠少数领导者的强大个人领导力，相对独立地开展革命与生活。在艰苦的革命斗争过程中，每一个根据地的军民、官兵、同伴、战友之间都形成了生死与共的血肉联系，而这种战友与同志之间的紧密联系是通过长期艰苦战争的血与火锤炼而来，因此他们之间拥有强烈的凝聚力和向心力，在处理彼此之间的问题之时，往往容易以感情代替制度、以亲情代替纪律，最终导致在待人接物中出现明显的内外有别、亲疏不同，最终导致党与根据地的管理也陷入分裂。

“山头主义”最为人所熟知的代表就是中国人民解放军的五个野战军了。在长期的革命战争之中，依靠艰难、卓绝的根据地建设，围绕拥有良好群众革命基础的革命根据地，中国共产党已经拥有了大规模的中国人民解放军。然而，到了革命即将走向胜利的1948年底，以往分裂的、孤立的、缺乏统一指挥和统一领导、各自为战的革命方法已不再适合大规模作战需要。因此，1948年11月，毛泽东和中央军委发布《关于统一全军组织和部队番号的规定》，根据地域把现有的各部队划分为四大野战军，即西北野战军、中原野战军、华东野战军和东北野战军。此外，还有尽管未授野战军番号，但仍然相对独立的华北野战军。它们共同构成了新中国成立后中国人民解放军的部队建制基础。

正是由于各个野战军都是经过长期共同作战而发展起来的，它们往往与经过长期战争洗礼的同一野战军部队的战友保持更为紧密的联系，而与没有太多联系与合作关系的其他野战军部队表现出各种明争暗斗的不和谐现象，这就是被很多革命领袖批评的“山头主义”的由来。前几年曾经红极一时的电视连续剧《亮剑》就突出地反映了这个现象，影片主人公李云龙与他的老战友孔捷、丁伟同属华北野战军，无论是在解放战争中的淮海战役，还是南京军事学院的课堂上，对于来自其他野战军的将军们都是毫不客气、唇枪舌剑，两者之间的远近之分可以一眼就看出来。

早在新中国成立之初，包括毛泽东在内的很多国家领导人就已看到了上述几大野战军部队“山头主义”的小团体风气，并通过各大军区司令员对调，希望尽量减少兄弟部队之间的这种“山头主义”的作风，规范部队制度建设。随着中国人民解放军规章制度建设的不断完善，关于“山头主义”的讨论基本已经不见踪影。

然而，到了新中国成立六十多年以后，“山头主义”的概念再次进入大家的视野。当然，此处的“山头主义”，与抗日战争、解放战争期间，在长期战争洗礼中建立起来的战友之间如亲人般的感情和相互信任、相互依赖的关系完全不同，主要表现为一些腐败官员出于收取贿赂或者追求私利的考虑，把自己亲近的人提拔到关键岗位，而有意识地忽视那些没有给自己经济贿赂或者没能跟自己保持更为紧密关系的基层干部的合理提拔。在这样的“山头主义”蔓延之下，在很多地区，干部的提拔成为某些腐败的主要领导干部的一言堂，他们完全可以根据自己的喜好，随意决定干部的任免和提拔。在这样的环境下，决定政府基层官员的任免和个人发展前途的已不再是他们在实际工作岗位中实实在在的业绩，而是能否讨上级领导喜欢，是否给领导贿赂，最终严重地败坏了党风国纪。

当然，本书不是关注干部任免制度改革的政治论文，也不是反腐的檄文，只是通过六度思维，我们可以清楚地看透导致这种“山头主义”的心理规律。从经济学的思维来看，我们每一个人都是理性人；也就是说，我们在做任何一项决策之前，都会深入地思考其背后的成本与收益、好处与坏处，只有在认真细致地进行权衡和比较之后，我们才会做出决定，而这种决定往往是那些能给我们带来最大化收益的最佳选择。作为具有较高素质、拥有人事任免权的高级领导干部，他们更应是具备这种理性思维的群体。

对于一些有权任命或者至少有权提名干部任免的主要领导来说，对于他们而言，决定干部的任免是他们的工作内容之一，而究竟选择什么样的人选，他们拥有足够的自由权。更为重要的是，在现有的干部体制下，即使任命了不具有能力，甚至根本无法满足新岗位工作要求的不合格干部，对于决定任命者也不会有任何的追责。也就是说，在这些有权决定或者至少是主导决定干部任免的主要领导看来，无论他们做出什么样的干部任命决定，他们都不需要承担任何的成本或者背负任何的责任。

既然没有成本，那么对这些高级领导而言，如何从干部的任命中获得最大化的收益，当然就是一种正常的选择了。对于真正具有高尚品德的领导而言，选择最为合适的人选，让他在新的工作岗位创造出最为优秀的业绩，为部门、社会、人民创造出最大化的价值，这就是最大化的收益。因此，那些大公无私的高级领导显然会利用自己的判断力，根据候选人的工作能力、工作履历、个人品德等多种因素，选择自己心目中的最佳人选，以期真正找到能够在这些工作岗位上发挥个人能力的最佳人选，这也是一种最为正常的成本—收益分析。

事实上，有一些领导干部并不如我们想象中那么大公无私，而是会在心中打着小九九，希望能在个人利益上创造更大的价值。当然，最为极端的现象就是有些地区的一些腐败领导针对每一个干部岗位都待价而沽，把干部的提拔演变为一种幕后的拍卖，价高得者。在这种情况下，这些高级领导干部可以通过收受贿赂的方式，得到最大额度的金钱利益，而这显然违反了干部的组织纪律，等待他们的只能是党纪国法的惩罚。

真正为我们所关注的是，其实很多高级领导并没有收受任何一名被提拔者的贿赂，但他们往往本能地选择自己身边亲近的工作人员，甚至自己的亲人，把他们提拔到一些关键的工作岗位。其实这种做法，正是六度思维规律的作用。

可以想象，如果某一名具有人事决定权的高级领导面前有五个候选人，然而只有一个重要的工作岗位，他也许并不熟悉所有的候选人，也不能得到这五位候选人的所有资料（当然，主要是无法在个人档案或履历表中反映出来的工作能力或个人品德等情况），也就是在候选人情况方面存在明显的信息不完全。有时，几位领导对于同一名候选人的了解程度也不完全一样，这称为信息不对称。

在存在信息不完全和信息不对称的情况下，要想做出最科学的人事任命决策，不仅需要理智，有时还得依靠运气。在很多高级领导看来，要想撞大运式地随便选择一名候选人，并保证他恰恰就是那个最佳人选的难度是非常大的。与此同时，如果在候选人中存在某一名活跃在他的社交圈内的人选，也许决策者也清楚这名候选人的不足，但相对而言，对于在自己社交链上的人而言，自己是拥有更充足信息的，也能保证他可以更好地控制自己决策的结果。在这样的情况下，与其撞大运式地把未来交给自己根本不熟悉、不了解的其他四名候选人，不如把它给予自己拥有更多信息、更容易把握、更容易控制的身边人。此外，若这名候选人在这名高级领导干部的社交链中越处于核心位置，与这名领导的关系越亲近，领导对候选人的情况越熟悉，这样的照顾熟人也就显得理所当然。这就是我们经常看到的，很多领导的司机、秘书会得到更多的提拔机会，原因正在于他们处于领导的社交链最近端。在六度思维中，离中心人物的距离越近，彼此之间的影响力越强，因此越短的社交链条，恰恰可以保证自己在中心人物决策中的优先地位。

当然，还有一个第二方面的因素。中国是一个人情社会，当这些高级领导做出某一个关键岗位的任命之时，按我们的正常想法，这些获得岗位的人应该欠做出该任命决策的高级领导一个大人情。从道理上说，他应该在未来适时、适度地做出一定的回报。

问题在于，如果这些任命是处于两个完全不相关或根本不同处一个社会交往链之中的两个人之间时，因为两个人之间缺乏一条相对直接的关系链接，因而链条两端的影响力传导效率是极为低下的，也就是被提拔者不会对他根本不认识的做出任命选择的人有太多的感恩之心。例如，假如你高考成绩很高，考入了理想的大学。实际上，你应该感谢评判你的试卷的阅卷老师，他们给了你更高的高考成绩，你也得感谢招生部门的工作人员，是他们把你录取到了你所想考入的大学。但是，相信所有的高考考生都不会有这样的想法，原因很简单：你们与阅卷老师、招生老师并不处在同一个交往链，从感情到利益的传导效率都是极为低下的，这才导致你根本不会对你不认识，却做出了影响你的一生的重要决策的相关人产生感恩之心。同理，如果候选人与决策人也不在一条社交链中，那么决策人的任命不会带来任何私人关系上的人情。

相反，如果有一名候选人与决策人在生活、工作之中具有极大的交集，两者身处同一交往链条，那么决策者的任命决策显然能给自己带来一定的人情。无论是否需要物质上的回报，但这种候选人对于决策者的感恩之心、报答之心、尊敬之心，显然能让决策者得到更多的心理享受，那么选择能够给自己带来人情回报的同处一条社交链之内的候选人，也就成为决策者的理性选择。

具有人事任命权的决策者在做出一些人事任命时，往往也希望自己能够成为发现千里马的伯乐。如果被提拔者未来能有更为光明的发展前途，同时他又能对自己持有一定的感恩之心，甚至以后这些被自己提拔的人能够荫泽自己的子孙，对于决策者而言才是非常有利的。

正如在封建社会科举考试之后，很多在职的官员会在当期的新晋进士中选择门生，而这些进士也乐于拜这些拥有高官厚爵的当权官员为宗师，给自己找一个靠山。在这样的机制下，如果宗师拥有更高的官位，手上拥有的资源更多，往往能给门生更多的发展机遇，因此会有更多的进士前来投靠门下。此外，如果这名进士才华出众、名气很大，是众望所归的未来的国之栋梁，也会有更多的高官前来争着认他为门生，希望该进士荣华富贵之后，自己作为他的宗师，也能分一杯羹。

上述的宗师、门生机制，恰恰反映了六度思维中在同一社交链条上，人与人之间的相互作用关系。没有高官会单纯地由于爱才而招门生，如果爱才，他们本可以在社会上找到更多拥有才华，却没有参加科举考试的名士。如果学生没有本领，只是单纯想沾宗师的光、给自己找一个靠山，由于自己没有能力，也根本不会有高官看得上。

同理，在现有的人才提拔机制下，如果候选人拥有足够的才华，决策者也愿意把他放在自己的身边，从秘书、助理、副手干起，先将他纳入自己的工作圈和关系链，建立起通畅的感情和利益流动的渠道，然后再通过持续的提拔笼络他。如果这名被提拔者未来能够晋升到高于提拔他的这些领导的级别上，作为他的老领导和发掘他的伯乐，决策者自然也会从中获取各种隐形回报。相反，如果被提拔者只是一个酒囊饭袋、无能之辈，也根本不可能有机会被提拔到更高的级别，那么具有人事任命权的高级领导提拔他的意愿就会小很多，因为这样的提拔除了收获感恩之心，并不能给自己带来太多直接或间接的潜在利益。

正是出于上述考虑，在很多组织内部，内部人与外部人之间是存在明显界限的。如果你能被具有资源配置权力的领导划为内部人，特别是你还具有一定的能力和光明的发展潜力，恭喜你，你可能会是这些领导圈定的重要培养目标。然而，如果你有能力，却没有机会接触有权决定你的提拔的高级领导，不能成为领导的圈内人，那么很遗憾，即使你的工作能力、工作业绩都很突出，但因为你在社会交际网络之中距离处于中心环节的领导太远，彼此的影响力根本无法到达对方，怀才不遇也许就将成为你的代名词了。

当然，如果领导在做出人事任免时，单纯根据是否处于自己的社交圈子内，是否能够跟自己保持更为亲近的联系，也就是依据六度思维做出人事决策，那么长期来看，就会有更多的人选择围绕在该领导身边，构建与领导更为亲近关系，进而本来实行民主决策的人事任免就完全演变为领导的“家天下”，这些相关的单位自然也就成为现实中中央巡视组严厉批评的“山头主义”了。

其实，并不只是看上去组织纪律不够严格的中国存在这样的“山头主义”，哪怕是我们心目中组织纪律更为严格、民主氛围更为浓郁的美国也存在着类似的“山头主义”现象。

源于2007年的次贷危机，让中国民众逐渐认识了一家美国投行——高盛。从规模上说，在通常所说的华尔街五大投行中，高盛只能位居第二，位列前面介绍过的、华尔街传奇人物J.P.摩根创立的摩根士丹利之后。然而，要论及其对于美国乃至世界经济的影响力，可能没有机构能望其项背了。

在次贷危机中，负责整个美国金融业救助方案的三大巨头之一财政部长亨利·保尔森，是曾经的高盛集团主席兼首席执行官，而他的前任、克林顿时期的财政部长鲁宾，同样曾是高盛的老总。美国著名的参议员、新泽西州州长乔恩·科赞曾是高盛董事长。纽约联邦储备银行行长史蒂芬·弗里德曼是前高盛联席主席。前美国总统小布什的心腹、白宫办公厅主任乔什·博尔滕曾为高盛工作。美国国际集团首席执行官爱德华·利迪也同样出身高盛。

在危机之中，尽管高盛是力推次级债券销售、催生次贷危机的罪魁祸首，然而，由于制订金融救助计划的美国金融界高管大多来自高盛，一系列的救市方案不仅没有追究高盛在危机中的罪责，反而大多有利于高盛。比如在保尔森的推动之下，2008年美国政府对陷入危机的全球最大的保险企业国际集团提供了890亿美元的救助款；作为条件，国际集团获得政府注资之后的第一件事就是向高盛赔付129亿美元，而且是全额赔付，同时要承诺不再追究高盛违规交易给国际集团造成的损失。要知道正是高盛作为诱发次贷危机的罪魁祸首，导致了国际集团承受了巨大的损失，国际集团完全可以不赔付高盛的资产，或者起码是可以议价，用更低的价格赔付，而不是全额赔付。在危机后，这一事件由很多人看来，完全是一帮前高盛员工在明目张胆地趁火打劫，借机帮助老东家。

当危机渐渐过去、奥巴马总统上任后，在他任命的新金融管理人员中，我们又看到了大批高盛人的影子，希拉里·克林顿的经济顾问鲍勃·霍马兹，商品期货交易委员会主席加里·詹斯勒，主管紧急救市计划的财政部副部长马克·帕特森，纽约证券交易所首席执行官邓肯·尼德奥尔，纽约联邦储备银行行长威廉·达德林，贴在他们身上的共同标签都是前高盛员工。

在美国的金融领域有一个戏言，每一个金融企业都可以学习高盛的市场操作手段和运营技巧，但如果你没有高盛的政府背景，那么学习高盛的经验就是在找死，高盛的运营模式永远只适合高盛自己的特有模式，因为哪怕是资本规模还在其之上的摩根士丹利也无法像高盛这样深刻影响美国政府的金融政策制订和改革。

也许他们最早只是一名高盛员工，因偶然的机遇进入美国政府的金融监管部门，并逐渐获得提名，或者具有推荐其他金融监管部门重要工作的权力。对于这些掌握美国金融大权的人而言，在他们的工作、生活的圈子中，具有专业的金融知识和丰富金融管理工作经验的人士也许并不在少数。然而，正如前面所分析的那样，只有推荐处于自己社交链条近端的身边人，对自己最为有利。因此，在这种思路的指导下，越来越多的来自高盛的金融管理官员开始大量推荐自己以前的领导、同事、下级进入美国的金融监管领域。正是在这种思维模式的引导下，这些前高盛高管慢慢把美国的金融监管体系演化为高盛的高管俱乐部，美国的金融监管圈也逐渐成为高盛的“家天下”了。有了如此众多前员工的鼎力支持，为高盛争取最大限度的政策支持也就不足为奇了。

“山头主义”看上去是在我国的革命斗争中产生的特殊历史阶段的产物，也是当前政府管理体制不健全的伴生品，但如果掌握了六度思维的真谛，我们会发现：在资源配置特别是人才的任命方面，任人唯亲、发展小团体其实是在六度思维的指导下，一个人极为正常和理性的选择。当然，如果法律制度能够进一步完善，对于人才任命与资源配置的结果有一个健全的评估和追责体系的话，单纯出于私心，通过扶植亲近人员来发展小集团的行为就能得到最大限度的约束，但只要六度思维仍然生效，这样的选择就不会完全消失。

间接思维

自十八大以来，随着中央打虎拍蝇的力度不断加大，一大批腐败的高级领导干部被揪出并受到了法律的严惩。在一系列的腐败案件之中，我们发现：很多领导干部的倒下完全是因为自己的儿女或者配偶的违法乱纪行为，进而倒在糖衣炮弹之下。可是，为什么枕边人和膝下儿反而成为拉这些腐败官员下马的罪魁祸首呢？这仍可以归结到六度思维所建立的间接思维。

在数学上，我们知道，在平面结构中，两点之间直线最短；如果通过多边形（比如说三角形或者弧线）画出任意两点之间的联系线，那么这些线条的长度都会大于直接连接两点所得到的直线距离。

然而，数学上的客观规律在现实生活中并非同样生效。如果我们想从某一位政府高级官员那里得到一定的政策支持，那么直接登门拜访，通过投其所好、溜须拍马，甚至重金贿赂，与对方建立起两人之间的直接联系，显然是最有效的手段。然而，可能除了极少数贪得无厌、利欲熏心的腐败官员之外，即使是一些后来被查获的腐败官员，也会心存对于此类行贿者的顾虑和警觉之心，通常并不敢或者不愿意在初次见面时就收取一个陌生人的巨额贿赂。也就是说，直捣黄龙式的单刀直入战术，想象起来很美好，但现实却很残酷，其效果并不一定很好。

在很多腐败案件中，真正的贿赂行为通常都需要一些中间人起润滑的作用。当行贿者意欲用重金拿下某一名政府官员时，他知道：在没有前期接触的感情投资的情况下，自己与这名政府官员在人际交往链中并不存在直接的联系；如果想跳过中间环节直接建立联系，反而会给对方造成一定的压力，说不定不但不能实现笼络对方的目的，反而容易僵化彼此的关系。

相反，通过迂回的手段，借助与这些官员相熟的亲戚、朋友、同事、下属的引荐与介绍，也就是通过中间人建立起间接联系，反而是最稳妥、最合适的选择。这也使得处于领导社交关系链最近端的身边人恰好成为充当这种中介角色的最佳人选。

在很多时候，也许这些领导内心并没有强烈的腐败意愿，而只是看这些中间人的面子，勉强与这些对他有所图者建立起联系，为他们的利益提供一定的政策便利，甚至都没有接受贿赂。然而，正是这种借助六度思维建立起的领导与寻租者之间的间接联系，成为把众多腐败官员拉下水的重要因素。当这些高级官员意识到，自己的举手之劳却能给其他人带来巨大的利益，并让自己从中分享一部分收益的话，那么借助权力、不捞白不捞的思想就开始为他们所接受，他们也将越来越深地陷入犯罪的深渊。

值得关注的是，对于绝大多数腐败官员而言，最早充当中间人、帮他们建立起权力与利益之间联系的往往是他们的配偶、子女，或者是秘书、司机这样的直接下级，而这些人通常都在这些领导干部的社会交往体系中处于相对核心的地位，他们与处于中心的领导之间的联系链条往往短于其他社会成员，这是他们最突出的优势。正如前面分析的那样，也许这些中间人自己并不拥有强大的社会资源配置能力，但由于他们可以深入地影响掌握资源配置权的高等人群的行为决策，那么他们自然就拥有了足以让其他人艳羡的核心竞争优势。这些中间人完全可以借助充当寻租人与官员之间桥梁的角色作用，获得让人难以想象的利益。

早在数百年前，古老的中国人就发现“宰相门前三品官”的规律，其实就是形象地反映了上述规律。在传统的九品中正制的官僚制度下，宰相是一个国家官僚体系中仅次于皇帝的拥有最高权力者，作为一人之下、万人之上的强权角色，宰相足以决定绝大多数人的生死富贵。众多的普通官员当然希望通过拜访宰相，向宰相送礼行贿、溜须拍马，以获得宰相的赏识。然而，作为普通官员，他们根本没有办法轻易见到宰相，而横在他们与宰相之间的最大障碍就是宰相府的门卫。哪怕你跟宰相有再深的渊源，只要门卫不通报，宰相根本不会知道你曾经来过，你的马屁怎么拍得到？如果门卫再使坏，故意捏造一下拜访者对宰相的不逊言论，那么你可能都不知道自己是怎么得罪的宰相，落得个死都不知道怎么死的结局。

在这种传统的官僚体制下，几乎所有的官员都知道，如果想要拜访宰相、获得宰相的赏识，最基本的办法就是通过贿赂的方式取得门卫的支持，让他们在合适的时候把自己介绍给权倾朝野的宰相大人。哪怕你是三品或四品的朝廷大员，在面对处于宰相生活链近端的宰相府门卫时，也必须放低姿态，该送礼送礼、该说好话说好话。尽管在我们看来，门卫、保安只是极为低级的工作，但由于他能够联系到拥有巨大社会资源的宰相，那么他的权势也足以与位高权重的三品大员相媲美。

在现实生活中，我们发现：很多领导干部的秘书、司机也成为了新时期下宰相门卫的现实形象，这些人由于工作的需要，往往会融入领导的生活圈，进而可以取得领导的欢心，因此他们往往成为众多寻租者对领导下手的重要突破口。事实也证明，通过这些中间人的介绍，寻租者往往能够更有效地取得领导的信任和支持。

其实，上述结论正好证明了前面所提的，在社会交往体系中，两点之间的直线并不一定是最短的，或者准确地说，两点之间直线联系的效率并不高。如果可以寻找一个足以对一端产生重大影响力的关键点，通过引入中间点并建立起间接联系，反而可以更有效地保证一端对另一端的影响力。

美国首都华盛顿活跃着数万家所谓的“政治咨询公司”、“咨询顾问公司”、“信息传播公司”，实际上，社会对于这些企业的通称是“游说公司”，它们大多聘请曾在美国联邦政府或国会中任职过的资深政客，或者一些政府高级官员的亲属担任专职或兼职说客。事实上，在这些游说公司所聘请的说客中，甚至包括前总统、前国务卿、前国会议员这样的重量级人物，如果请他们出面，帮助客户向指定的政府部门或者政府官员进行游说、牵线搭桥，那么以他们的江湖地位，帮助客户与上至总统、下至政府的一般部门建立联系，当然就是小 case 了。事实上，在当代美国政坛中，这些游说公司足以影响政府相关政策的出台，甚至影响国会对于法律的制定或修订，因此也称“院外集团”，是美国政坛不容忽视的力量。

在美国相对完善的政治管理体制下，如果在职官员参与这些营利性的游说活动，显然就是以权谋私，早已触犯了法律，肯定是要被绳之以法的。只有这些不再掌权的退休官员，才能得到从事这些商业性游说活动的许可。如果单从这些说客的自身能力来看，这些说客不过是一些退休的老朽，早已不在政坛厮混，自己已没有决定社会资源的配置权力。然而作为前辈，他们或者他们的父母可能大半生都在政坛奋斗，甚至是当代美国白宫、国会，乃至各部门现任领导的老上级，不看佛面也得看僧面，现任官员即使不愿意支持聘请这些游说集团的企业或者社会组织，但总不能驳老领导、老同事、老朋友的面子吧，因此很多在普通人看来天大的难事，只要这些游说集团出面，也就手到擒来了。

在美国，这类游说集团的收费是相当昂贵的，最为基础的电话咨询也得数十美元或数百美元，安排一次与政府高级官员的见面也许需要上万美元。如果要想游说政府的政策制定或者国会的法律修订，游说的费用至少百万美元，这是很多普通美国民众根本无法接受的天价。

那么，因为游说公司收费高，你就绕过游说公司，自己跑去力劝相关的政府官员？看上去，你省了一大笔游说的费用，但没有这些充当润滑、充当中介的说客从中间斡旋，以一个跟政府根本没有直接联系的组织或个人，想赢得政府的信任和支持，几乎是不可能完全的任务；而引入游说公司，在利益集团与政府之间建立间接联系，乍一看，交际链条被人为拉长了，但这却是最有效地实现链条两端之间利益互通和相互作用的办法。

2010 年 9 月，正当美国经济仍没有走出次贷危机的泥潭而长期处于衰退之时，美国政府宣布向沙特阿拉伯出售包括 F-15SE“沉默鹰”战斗轰炸机、AH-64D“长弓阿帕奇”武装直升机、UH-60M“黑鹰”特种作战直升机和 AH-6“小鸟”侦察直升机在内的先进战机和武器装备，总价值达 600 亿美元。当然，如此巨额的军事采购订单对于危机中的美国经济无疑是一剂强心针，然而这一武器交易却完全不符合美国以往在中东地区的立场。

要知道沙特阿拉伯购买如此众多武器的主要目标，正是美国的盟友以色列。更为重要的是，亲以色列的犹太势力在美国政坛一直拥有极强的影响力。向以色列的敌人出售如此先进的战机，显然不符合以色列以及美国政坛中众多亲以政治家的利益。根据美国的相关规定，向非北约盟国出售 2 亿美元以上的防务产品都必须经国会表决通过。即使是挽救危机时的政策放宽了，但这样的超级军事订单能够在亲以势力占据重要地位的参、众两院得以通过，实在出乎绝大多数人的意料。

事实上，为了这个订单能被通过，在白宫和国会拥有重大影响力的游说集团功不可没，正是他们从中斡旋，才使这笔天价订单最终被美国政府认可，而沙特政府为此向所聘请的游说集团支付的报酬也超过了千万美元，游说集团从这笔游说大单中收益颇丰。

尽管看起来，让沙特阿拉伯自行游说美国政府与美国国会，与它们建立起直接的联系，可以省掉一大笔本来需要支付给游说集团的钱，但可以想象，如果没有游说集团的中间作用，尽管沙特阿拉伯也是美国在中东地区的重要战略伙伴，但仍然难与美国的小兄弟以色列相媲美，以犹太人在美国经济与政界中的重要地位，特别是考虑到“9·11”事件后，美国民众对于阿拉伯世界的排斥心理，这样的订单被通过的概率微乎其微。从这方面来说，引入游说集团这一中间环节，不仅没有削弱沙特阿拉伯对于美国政府的影响力，反而强化了沙特阿拉伯与美国之间的紧密联系，这就是六度思维的价值所在了。

俗话说：“条条大路通罗马。”尽管看起来，针对我们的目标，选择直接的方式作用于目标，应该是最有效的行动手段。然而，六度思维倡导一种间接思维，它们构建了一个新的世界。在这里，通过迂回的方式，引入了第三方力量，借此构建起行动主体与目标之间的间接联系，有时反而会比单刀直入的直接方式更为有效。

对于讲究合家团圆的中国人而言，过年回家始终是一年之中最重要的事情。每到春运时节，无数人为一张回家的车票而殚精竭虑、夜不能寐。然而，由于运输力量不足，每年仍有不少人无法购得春运回家的车票，不得不高价向黄牛购票。

比如你在北京工作，过年希望回南京的家。然而，无论用了什么样的办法，你都抢不到从北京到南京的回家火车票。此时，如果你发现北京—上海之间的车次更为繁多，而上海与南京之间的车辆也极多，那么你就完全可以先购去上海的车票，而后从上海折返南京。

乍一看，你从北京直接回南京，肯定比你从上海周转一次要省时、省力、省钱得多，但如果你无法以直接的办法获得北京直达南京的火车票，通过运用六度思维，利用转车，也可以间接实现回家过年的梦想。

作为一名在天津工作的江苏人，我曾经很长一段时间都为回家而犯愁。虽然途经我的家乡（江苏北部的一个小县）和我长期工作、学习的天津有几班火车，但它们停靠站的设计比较奇怪，尽管有好几班火车都前往北京方向，但几乎每一班车都是出了江苏就直达北京。换言之，在江苏和北京之间的一些城市，比如济南、沧州、天津都被无意识地跳过了。

当然，我可以选择在邻近的交通重镇徐州转车，但由于时间的不对接，我可能得半夜在徐州火车站等上四五个小时，才能坐上从徐州到天津的车，这样的等待无疑也是一种煎熬。因此，在大多数时候，我都选择从我的家乡到北京的火车票，每一次凌晨四五点时，我总能看到“天津站”三个大字，然而火车根本不会有一分钟的停歇，很快就飞驰而过。然而，六七点钟到达北京后，我不得不再购买一张回天津的火车票，再花上一两个小时返回天津。

对我而言，因为在我的家乡与天津之间并不存在直达的火车，如果因此我就放弃坐火车，而选择乘坐十多个小时的长途汽车，那么整个旅途将变得极为辛苦、疲倦。然而我知道，在北京与天津之间几乎每二十分钟就会有一班火车，尽管从我的家乡没有直达天津的火车，但我完全可以先到北京，再购买最近一班到天津的火车票，也一样可以完成我的旅途。尽管看起来，这样麻烦了很多，但比起乘坐长途汽车，这样的辛苦还是值得的。

其实，我的回家之路也是六度思维发挥作用的实例。当然，在我们进行旅途设计时，直接购买出发地与目的地之间的直达火车票是最为经济、最为便捷的出行方式。然而，在春运或者上述车次设计不合理等客观情况下，我们也许无法直接达到目标，那么通过调整思维、选择间接途径，尽管仍是同样的出发地、同样的目的地，我们可以根据实际情况在中间添加几个中转地，这样尽管从形式上增加了旅行的烦琐度，但它却能帮助我们实现了最终目标。

在 2013 年春运时，一些媒体曾经报道过一则新闻。春运时，一位在杭州工作的山东临沂人一直无法买到从杭州直达自己家乡山东临沂的火车票。看到春节即将临近，而自己的车票仍然没有着落，这位小伙子灵机一动，开始了一场可谓前无古人、后无来者的奇幻之旅——他选择乘坐公交车回家，通过细致地规划，这位小伙子花费了 7 天的时间、乘坐了 35 趟公交车，最终横跨三个省顺利回到自己的家乡。他的这趟旅程仅仅花费路费 140 元，当然还有 7 天大约 400 元的伙食费与住宿费，但这也比乘坐汽车或者飞机回家要节约很多了。

乘坐公交车回家，真是听起来也醉了。的确，这样的旅途需要旅客极为用心地规划自己的旅行线路，在一些公交线路不能对接的交界地区，这名小伙子多次不得不步行数公里，以到达下一趟公交的站台。这对于旅行者的身心都是很大的考验。不过还好，这一次尝试，这名小伙子还是取得了非常完美的结果。

与前面的乘车案例一样，我们也知道春运时乘坐公交车回家，听上去像天方夜谭、不靠谱之极。如果这名小伙子能够买到直达的火车票，相信他根本不会选择如此艰难的归家旅程。然而，当直接的方式无法实现自己的目标时，与其放弃目标和梦想、承认失败，不如运用六度思维的分析方法再考虑一下，换一个角度，我们能否以曲折、间接的方式实现自己的目标呢?

我们知道，这名旅客的起点是杭州，终点是临沂，而且从杭州直达临沂的火车票的确难买。即使我们不选择公交车这种非主流的旅行方式，换一个思路，选择南京、扬州作为中转，也许通过一到两次的转车，借助三到四度分隔空间，他仍然可以相对轻松地完成自己的旅途。

即使不能直接达到目标，那么通过引入中间链接，从其他的角度着手，也许困难就会少很多，我们就能通过间接的途径实现最终的目标，这也许就是六度思维给人的思维带来的巨大转变。

第十一章 六度思维的作用机制

对六度分隔实验的质疑

不知道大家还记不记得，最早介绍六度分隔时的那个著名实验：美国著名的社会学家米格拉姆通过随机获得的300个人，把信发给波士顿的一位股票经纪人。其结果证明了，即使是完全没有联系的两个人，也可以通过并不太多的中间人建立起间接的联系。他根据实验结论推测出，大概只需要通过不超过六个人，就可以在全球任意两个人之间建立起间接的联系，这就是六度分隔的由来。

六度分隔的实验结论的确令人吃惊，正是由于它的不可思议，才使得众多社会学家、心理学家以及数学家对这个研究课题产生了浓厚的研究兴趣，并对其进行了深入的研究，最终充实与完善了本书所倡导的六度思维的理论基础。

然而，一位心理学家朱迪·克雷菲尔德在深入研究米格拉姆的实验时，发现六度分隔理论的提出其实具有很多被米格拉姆有意识隐瞒的缺陷，即该实验超低的完成率。在米格拉姆最早的实验中，他一共发出了 60 封信，确实有一些信件顺利到达了他所希望寻找的那位股票经纪人手中，而且有一封信总共只花了四天的时间，仅仅通过了两名中间人，就完成了整个传递工作。这似乎是一个奇迹，甚至只是一个偶然的巧合。然而，米格拉姆并没有告诉大家，其实在这 60 封信中，最终只有 3 封信到达了最终的目标。

正如我们前面介绍的那样，在后续的实验中，在米格拉姆选择的 300 个发信人中，其实有 100 人是来自与收信人相同地区的波士顿地区，而在 200 名来自内布拉斯加的发信人中，又有差不多一半的人是米格拉姆购买的蓝筹股投资人，这又恰恰与最终收信人股票经纪人的职业产生了交集。从某种程度上说，在米格拉姆的实验所选择的 300 个人中，差不多三分之一与目标主体有着地理区域上的交集，有三分之一与目标主体在职业选择上存在交集，也就是差不多三分之二的研究对象是生活在目标对象的生活圈之中，与研究目标存在或远或近的联系，这样的研究对象选择，显然很容易扭曲最终的研究结论。

在对米格拉姆的实验进行深入研究的过程中，朱迪·克雷菲尔德发现，其实只有 96 个发信人来自内布拉斯加，与身处波士顿的目标对象没有地理位置上的交集，同时又不是蓝筹股投资人，因此也不会与身为股票经纪人的研究对象在职业上存在交集。然而，在这 96 个研究对象所寄出的 96 封信中，最终只有 18 封信到达了目标，也就是其完成率连 20%都达不到。如此低的研究数据，怎么能够证明他所得到的任意两个没有关系的人，只需要通过不多于 6 个中间环节就可以建立起间接联系呢？

我们怎么可能从这个只有不到 20%完成率的事实就推导出六度分隔的理论呢？它看起来更像一个由于偶然因素所造成的机缘巧合，也许该实验依赖的仅仅是研究者的好运气，而不像是米格拉姆所提出的一般的、普遍的规律。

通过对米格拉姆的整个实验进行深入、细致的研究，克雷菲尔德还发现：其实，这个实验绝不像想象的那么简单。在实验过程中，实验对象的选择似乎具有明显的意图，看上去正是研究者为了保证最终的价值链传导，因此在研究对象的选择方面，其实是或多或少、有意无意地与最终研究对象存在一定的交集，也就是米格拉姆其实是有意识地选择一些与研究对象存在或多或少联系的实验对象，以保证这些实验能够最终得到自己所希望得到的研究结论。

看上去，六度分隔并不是从共同现象所抽象、归纳出来的普遍规律，反而更像是米格拉姆在得知了六度分隔的含义之后，然后再有意识地证明它，因此在实验条件的内容方面，通过有意无意的实验条件选择，为实现这一预期的实验结果而引导实验的进行，因此该实验显然不符合科学实验的基本要求。

即使在96个看上去是真正随机抽取的研究对象中，最终只有不到20%的人完成了实验要求，这样的经验性结论仍然不足以支撑米格拉姆向社会公布的六度分隔的最终结论。

老字号背后的六度分隔

正如米格拉姆的著名实验所证明的那样，在最终的六度分隔设想中，我们往往通过人与人之间自觉自愿的行为来实现作用力在不同社会主体之间的传导。然而，因为在同一条人际关系链中并不存在具有约束力的作用机制，而且关系链的前端主体并没有办法保证后端行为主体能够如其所料的那样做出行为选择，从而保证作用链能够沿着完整的社会关系链进行扩散，持续向后端传导。

在六度分隔的作用机制中，即使后端主体的确感受到了前端主体的意图，也能了解前端主体希望自己保持与前端主体完全相同的立场或者行为选择，进而把前端主体的行为选择继续在后端主体的关系网络中沿着不同的关系链向后传导。然而，后端主体是选择与前端主体保持一致，还是简单地置身事外，以致前端主体的行为传导到该后端主体时就面临终止，从而无法再继续向下延伸、传导？

很长一段时间以来，古老的中国商人在商业活动中往往信奉一种口碑营销策略，希望通过在商界保持良好的个人形象和品牌形象，维系与顾客的稳定消费关系，从而在消费领域打造出良好的品牌形象，并通过消费者的口口相传，逐渐让更多的人了解自己的品牌、熟悉自己的产品，从而形成品牌的美誉度，保障自己产品的良好销售状况。

相反，如果一名顾客在完成自己的消费后，对某厂商或者某品牌产生不佳的印象，他往往会在自己的社交网络之中倾诉自己的不满，从而让更多的人对这种产品产生不良印象，最终极大地伤害了该产品的市场名誉，影响了它的可持续发展能力。

我们在消费一些商品时，经常看到这样的宣传词：“如果您对我们的服务满意，请告诉您的朋友！如果您对我们的服务不满意，请您告诉我！”这就是典型的口碑营销的企业运营策略。当消费者产生良好的消费感受时，很多人乐于通过分享的方式，让更多人感受到自己的喜悦、认识到自己的慧眼，通过向身边的亲友介绍自己的成功经验，就等于替该厂商做了一笔免费的广告宣传。如果消费者把自己的不良消费感受告知朋友的话，同样会对企业的业务拓展产生非常大的负面影响。因此，让消费者把这种不愉快的消费经历告诉厂商，让厂商根据消费者的意见做出整改，不断改善自己的产品质量和服务品质，更好地满足消费者的需求。与此同时，消费者的不良消费经历也有了发泄的渠道，也就不会在朋友面前败坏这家企业的名气，反而更好地保护了企业的品牌形象。这就形成了一种对于品牌的积极向上的社会影响力，从而逐渐培育出具有一定市场美誉度的优质品牌，这就是口碑营销的精髓。

由于在口碑营销过程中发生直接联系的双方往往身处同一社会网络之中，甚至是彼此具有紧密社会联系的不同行为主体，因此每一名行为人的选择都会对后端的其他行为人产生强烈的影响，最终保证每一条社会交往链条中总会有影响力的传导。如果与某一产品发生直接联系的行为人对于社交网络中的众多社会主体具有强烈的影响力，并通过某一种能够引起后端行为人思想和行为共鸣的方式，产生行为的趋同性，最终在更为广阔的社会网络中建立起特定品牌的美誉。所谓的“酒香不怕巷子深”，也正缘于此。

事实上，在笔者长期生活的天津，即使到了广告、营销已成为一门专业性极强知识的今天，也存在众多依靠口口相传的美誉而确立的老字号，特别是在鲜见广告营销的餐饮业中，这样的口碑营销更显得突出。有时，在天津街头经常会出现很多外地朋友感到费解的场景，明明一条街上有三四家卖同样小吃的商贩，可是经常有某一家门前会排着长长的队伍，而其余几家门可罗雀，鲜见顾客临门。如果询问价格，经常是人多的那家价格反而更贵。

一个典型的例子就是元宵。大家都知道，每年到了正月十五，全国人民都会以吃元宵的方式期盼家人团圆、平安。当然，在元宵的做法上，从北方的元宵到南方的汤圆，在工艺或者原料选择上，往往会有非常大的差异，但无论南北、不分老幼，到了正月十五吃元宵，已成为一种中国人的古老传统而长期保持下来。在天津有一家非常有名的元宵店，每年正月十五前后，很多天津市民都会前来购买元宵，或者购回家与家人共同分享，或者是走亲访友时提上一盒，作为祝福的礼物送给亲友。

正因为每当正月十五前往这家老字号元宵店购买元宵的民众总会排着长长的

队伍，很多时候排队购买元宵的队伍竟会像一条长龙，站满整条街，甚至需要警察前来维持秩序，因此为了保证供应，这家元宵店在元宵节前后总会限购，一个人一次只能买两盒。如果你再想多买，对不起，请再排两三个小时队，重新排队购买。因此，每年到了这个时间，一个非常稀奇的现象出现了，居然会有很多人专门跑来买元宵，然后就地加价倒卖，也就是出现了传说中的元宵黄牛。当然，很多不愿意排队的人也乐于多花几十元钱，以免除自己的排队之苦。这样，供需双方一拍即合，一个繁荣的元宵黑市就此诞生。

事实上，这家老字号元宵店从没有做过广告，然而几乎所有的天津人都知道这家店的元宵有名，它们家的元宵地道、美味。因此，以爱吃、好吃、懂吃闻名的天津人，也乐于坐一两个小时公交，再排一两个小时的队，只为拿两盒正宗的美味元宵回家，给家人大饱口福的满足。

其实，到了元宵节，在天津每一个市场中都会有多家出售元宵的商贩，这些小商贩的元宵在口味上也许略逊于上述元宵老字号一筹，但它们胜在价格更低、不用排队。对于很多讲究效率、追求便利的年轻人而言，随便选择一家元宵店，也许比浪费差不多一天时间去买所谓的老字号元宵更为理智。然而，对于很多拥有更多的时间，也更讲究传统的老年人来说，只有吃上了辛苦买来的老字号元宵，才算真正过了一个元宵佳节。

其实，像笔者所说的这种老字号在全国各地随处可见，在没有广告宣传的过去，这样的老字号企业之所以能够在历史的长河中留下自己的印迹，所依靠的恰恰就是口口相传的消费者口碑。正是一代一代的消费者通过自己的消费经历，从相关商品的消费中获得了强烈的满意感，并将这种满足的感受向自己的亲戚、朋友诉说，从而一传十、十传百，从而在更多的人群中建立起该品牌的良好品牌形象，最终创建出我们所熟悉的老字号品牌。

正如本书介绍的六度分隔理论所说的那样，也许并不是某一名消费者将自己对于相应老字号品牌的喜爱感受告诉另一名消费者，也许是获得你直接介绍的人向他身边的人推荐同样的品牌，从而在另一条关系链中将源于你的信息传导下去，最终形成了一个品牌影响力的拓展网络系统。

从表面上看，上述品牌形象的建立，有点像一粒小石子被丢进了水中，然后就会从石子落水的地方，开始一圈一圈地向外扩展水纹，每一个内圈的水纹涌动又会产生向外的推力，从而在外围产生一波更大的水纹。所有的外圈水纹的产生动力都来自内圈，然而却不能简单地视为某一内圈特定位置的水的流动，恰恰推动了多大范围的外圈的水纹产生。我们只能得出内圈对于外圈的作用机制原理，却不能精确测算出它的作用力和影响范围。

与水纹类似，所有老字号的品牌网络核心就是特定的品牌，恰如石子落水之地，或者说水纹的圆心。作为在品牌推介中处于较早地位的消费者，应能在更接近网络中心的地方找到自己的位置，也就是整个水纹之中相对靠近圆心的位置；而在他的外围，则是通过一层一层的关系传导，把源于自己的影响力扩散开来，也许外围的水纹并不是源于内圈某一特定位置的水的推动，但是内圈的水的运动总会直接或者间接地对外围产生影响。

2014 年初，滴滴打车和快的打车两种新颖的手机 APP 开始在国内各大城市盛行。随着支持这两家打车软件的企业阿里巴巴和腾讯对于打车补贴的不断增加，笔者成为较早使用这两款打车软件的消费者，也作为最早的吃螃蟹者，享受到了打车补贴的福利和手机打车的便利。出于一种互联网时代更为突出的分享精神，笔者向身边的一些同事、朋友详细介绍了这两款打车软件的使用方法和补贴的福利，而听我推荐使用了这两款打车软件的朋友，又向他们的朋友、同事宣传打车软件，仅过了一两周，在我身边的所有年轻同事都成为了打车软件的忠实消费者。

在笔者的单位，尽管并不是每一名打车软件的使用者都是受了我的直接影响或者听过我的推荐，但作为最早使用打车软件的尝鲜者，笔者的确是最早使用打车软件并向同事推荐的创新者之一。此后，本单位逐渐学习使用打车软件的人，很多恰恰是受了一些直接或间接听到笔者的推荐或者侧面了解到打车软件便利的后知后觉者。如果把笔者的单位看作一个封闭的社会圈子，并把上述两款打车软件设为圆心的话，那么笔者显然是一圈一圈的同心圆中较为靠近圆心的成员。如果研究其他人在此后开始使用打车软件的原因，往往也能或多或少地与处于内圈的笔者产生联系，这在很大限度上反映了口碑营销的作用机制。

从口碑营销到广告营销

从某种意义上说，前文所介绍的很多老字号所奉行的口碑营销，就是被动地依赖众多消费者的口口相传，实现自身品牌影响力的最大化。然而，问题在于，类似的口碑传导往往依赖于消费者自发的宣传行为。如果更多的消费者都是宁可独乐而不愿众乐的自私主义者，他们往往愿意把发掘某一特别好的商品视为自己的独家秘诀，而独自垄断这些优质产品所带来的享受感。如果选择分享，将会有更多的人可以享受到起初自己所发掘的优质商品，反而会导致这些商品供应的紧张，甚至导致商品的涨价。对于分享者而言，并不具有特别的好处。

在无法保证消费者自发宣传及推介积极性的模式下，所有品牌的扩张都处于随机游走状态，完全不受品牌所有者掌控，而仅仅选择被动地相信消费者会主动承担起每一个品牌的宣传与推广的作用。显然，这样的品牌扩张更像水滴石穿，需要经过漫长的时间考验，也许很多品牌都没有机会熬到看到品牌成功曙光的那一天，就已经消失于人们的记忆中了。

就像前面的六度分隔实验揭示的那样，即使实验者把寄信的重任或者说向每一名参加实验者的社会网络继续传导实验组织者影响力的任务交给了更大的社会群体，但绝大多数的关系链可能在短短的几次传导之后就消失于无形，而成为整个网络中的一条条死链。

在传统的口碑营销模式下，尽管享受到某种优质商品服务的消费者众多，也许很多人也的确会自觉自愿地向朋友诉说自己从这些优质商品消费中所获得的享受感，但正如前文所介绍的那样，随着人际关系链的延伸，当这种影响力传导的个体环节越多，这种影响力的衰竭就会越快，前端个体对于后端个体的隔代影响力也会随着中间环节的增多而渐趋消失。这种自发模式所形成的影响力传导往往只能构成一条条的短链条，只有传导环节在相对有限的数量限制内，这种品牌影响力的传导才是有效的，我们几乎不能指望这样的传导会延续六个，甚至更多的环节，这显然束缚了品牌影响力的扩张，阻碍了优质名牌的形成。

正是出于对这种潜移默化的口碑营销效果机制的不满，更多的厂商开始寻求主动出击，通过更具主动性的营销策略，从而在更短的时间内，最大限度地提升自己品牌的市场影响力，加速自己品牌形象的市场培养，力争通过最节约的方式，创造出一种速食式的名优品牌。

反思传统的口碑营销，其缺陷表现在两个方面：一是它只能依赖于真实顾客的自觉推介活动，对于非顾客基本不具影响力，这就极大地限制了自己品牌所面对的群体规模。被动依赖于顾客的自发营销往往不受厂商的控制，因此很难保证这种自发宣传的效果。正是由于传导环境将会削弱行为人影响力的传导，因此无法保证这种源于顾客的自发行为的延续性，从而造成宣传主要在较小的环节中进

行，进而极大地限制了品牌网络的扩张。源于厂商的市场营销正是从上述两个方面着手，以求主动高效地建立起自己品牌的市场影响力。

我们生活在一个广告社会中，无论是打开电视，或者是翻开一本精美的画报，抑或是进入密闭的电梯，还是休闲时使用手机、电脑进行上网冲浪，几乎我们面对的每一个媒体都成为广告的载体，海量的广告得以通过文字、图像、视频的方式，甚至是一些更具参与性的游戏活动的方式，将一些品牌商品与服务的特征、优势向我们展现出来。无论我们是否消费过，甚至接触过这些商品，这些广告都会以各种不同的形式涌入我们的眼帘。

事实上，在众多投放广告的厂商心目中，它们的广告并非只是针对所有已消费过自己商品的客户，用以加强产品给予顾客的满足感与享受感，它们更大的用意是去发掘那些目前尚未消费自己产品却有可能成为潜在客户，或者哪怕无法成为潜在客户，也能对于自己的品牌有所了解，并对自己的品牌产生好感，从而在更广大的消费群体之中建立起自己品牌的市场影响力。

当然，从广告媒介的选择，广告投放商是可以选择目标顾客群体类型的。例如，在地方电视台做的广告往往是针对特定地域内的顾客进行，而在中央电视台做的广告主要是全国性品牌，甚至世界名牌，面向的是更大的顾客群体。即使在电视台的广告选择上，也会有明显的差异。例如，对于喜欢看体育节目的年轻人而言，中央电视台体育频道节目中的众多运动品牌广告，可以为他们提供足够的选择余地，因此我们更多地看到运动鞋、运动衣、运动器械等商品的广告。相反，对于关注财经新闻的成功人士而言，运动服饰并不是他们的“菜”，他们关注的往往是正装、汽车、高端白酒等商品系列，而这些恰恰是财经频道最常见的广告商品类型。

通过认真分析市场需求，针对自己所关注的目标顾客群体，有策略、有选择地主动投放广告，显然可以摆脱传统的口碑营销模式下，仅仅通过真正的消费活动才能建立起的消费体验，以及由此触发的自发营销行为的限制，从而最大限度地扩大商品所面对的客户规模，有效提升品牌的市场影响力。

当然，口碑营销的最大弊端就在于自发的推介行为。由于缺乏足够的刺激，因而难以保证推介链条的完整性和向后端的持续扩张力。如果通过一些广告营销策划，使得前端客户能从宣传推广某产品中获得一定的福利补偿，也就是得到真实的物质刺激，自然可以更大限度地保证营销链条的延续性和传导力。

在现实生活中，我们看到一些厂商通过对“以老带新”活动提供回扣、返现，从而使得老客户能从自发宣传商品中获得物质补偿，自然可以更为有效地刺激客户宣传、推广这些商品的积极性和主动性，从而对商品市场影响力的扩张起到最直接的作用。

在真实的物质刺激下，每一名自发宣传商品的老客户都能从接受自己的建议、同样选择该商品的新客户消费活动中获得真实的经济补偿，由此为客户的自发推介行为提供了物质保障，并为消费价值链的延续提供了充足的物质支持，从而明显延长了整个商品的消费链条，同时建立起更广阔的市场网络。这样的链状或网络状的品牌扩张，与前面介绍的自然界中的病毒传播有着极为类似的机制，因此也被很多人形象地称为病毒营销。

病毒营销其实就是对六度分隔理论的巧妙应用，它通过人与人之间的交际作为商品宣传与推广的媒介，借助公众的信息复制、传播与扩散，实现特定商品信息在广阔的人际网络中高速、高效地蔓延，最终实现商品品牌形象的爆炸式提升。病毒营销的关键正是抓住了如何通过有效的物质刺激或者精神刺激，最大限度地提升公众参与的积极性和主动性。

我们在现实生活中深恶痛绝的传销活动的策划者与组织者，其实是活学活用病毒营销理念的优等生，他们正是通过类似于金字塔式的利益收割机制，使得顶端群体可以源源不断地从后端行为人的营销活动中获取收益，分享、收割他们的努力成果。如果你能保证下线足够多或者下线的市场开拓力足够强，那么通过你的下线（包括下线的下线）发展的新业务量，或者吸引到新参与者的入伙，都会给前端行为人带来无尽的收益分享；也就是从某种程度上说，你对于产品的宣传、推广以及对相应商品的市场开拓其实是一种一劳永逸的投资回报活动，一次性的付出与辛苦能够带来无限的利益分享，这样的诱惑当然是很多人无法抵抗的。

当然，如果上述金字塔式的病毒营销是建立在一个优质产品的基础之上，并且整个营销机制是通过人际交往链实现该商品在人与人之间的传递和市场业绩的提升，那么这就是我们所熟悉的安利直销模式。但是，在很多时候，很多企业发现：只要能够充分发掘人的贪婪本性，创建起完善的利润分享机制，充当交易媒介的物品到底是什么其实并不重要，哪怕是一件毫无价值的物品，甚至是一种理念或虚拟的价值，只要能在整个销售网络中得到认可，那么它就可以成为这种病毒营销的对象。这种单纯通过链式的人际影响与扩张而实现的营销行为，其实就是一系列的宰熟，前端营销人员的收益完全建立在后端营销人员的损失之上，这才是传销的真正奥秘所在。

无论是广告还是传销，其实都是对传统口碑营销的缺陷弥补，也是六度分隔理论在现实生活之中的合理应用，也许这恰恰解释了我们研究六度思维的真正价值所在。

六度思维背后的作用机制

六度分隔通常依赖于由自愿行为所决定的人与人之间的行为选择，从总体上说，这种自愿行为往往强烈依赖于个体之间的信任关系。正是由于某种原因所建立起来的不同行为人之间的信任关系，才使得每一个行为人能够自愿选择依照其他社会主体的意愿，进行相应的行为选择，导致这种人与人之间的影响联系和社会联系能够如链条般连续传导下去。

无论是最早的米格拉姆要求实验对象把信件送达特定的对象，还是现代人熟悉的通过微信朋友圈转发特定的信息，其实都是链状社会关系网络的前端成员，以一定形式要求自己的关系链后端成员为自己完成特定的任务，从而给后端社会成员带来一定的负担或者劳烦。只有这些社会成员彼此之间拥有强烈的凝聚力和向心力，才能使这种劳烦成为一种自愿行为。

相反，如果这些社会成员之间只存在松散的联系，那么些许的劳烦都会成为其他社会成员莫大的负担，从而遭受理所当然的拒绝。可以想象，如果与您拥有紧密联系的亲友向您提出借钱，也许您会根据这种关系的远近以及自己的承受能力，决定自己向对方提供多大额度的借款。如果是一个群众性集会中偶然认识的一位一面之交向您提出借款请求，说“NO”肯定就是您的自然选择。这种借钱与否的结果差异和借款金额的差别，在很大程度上，其实完全是由借贷双方彼此之间联系的紧密程度决定的。

只有在社会交际链条中，不同社会成员之间通过共同的社会活动培养出某种情感以及隐藏于这种情感背后的信任关系，使得后端成员能够相信，自己为前端成员的付出，都能从情感或者利益上获得足够的回报，这种回报的价值足以抵消自己付出的时间、精力与金钱，还能有所剩余，那么这样的链式行为才能稳定地运行下去。

根据现代经济学的基本假设，每一个人都是理性的，我们在进行每一项行为选择之时，都会在心中认真权衡自己付出的成本与可能得到的收益，只有收益能够弥补成本的行为才会被执行。从表面上看，在社会网络中，我们根据自己交往对象的要求，选择一定的行为，的确增加了自己的工作，也给自己带来一定的不便，使自己承担了一定的隐形成本。如果我们从这种人际交往中不能得到足以弥补这种成本的回报，那么任何一个理性人都不会白白付出额外的代价。

当然，也许会有朋友说：你说得不对啊！你看雷锋不就是全心全意为人民服务，乐于助人却毫不求回报，他应该就是一个足以推翻你的观点的典型反例了吧！的确，从表面上看，雷锋的助人活动是根本不求任何回报的，但正如我们前面所说的那样，雷锋一向助人为乐，也就是他可以从帮助别人的行为中获得乐趣，从帮助别人体现自身的价值，从别人的认可或者别人对自己的感情回报中获得足以弥补自己付出的欢乐。如果到了某一天，雷锋同志帮助别人的行为已完全成为一种习惯，甚至从中丝毫也不能感受乐趣，也许雷锋同志就不会再选择全心全意地为人民服务了。

正如我们所看到的那样，欧美国家的顶级富豪（如比尔·盖茨、沃伦·巴菲特）在自己事业成功、创下丰厚的家产之后，很多人就自觉自愿地转向了慈善事业，并把几乎全部的精力都投入对抗贫穷、疾病和战争之中。看上去，处于这些顶级慈善家网络链条后端的各位受助者，的确没有能力为自己所接受到的帮助向慈善家提供物质补偿。即使他们能够力所能及地提供物质补偿，这些物质财富对于身价百亿的慈善家们而言，也是可以忽略不计的。

之所以西方的众多富豪自愿投身于慈善事业，最大的原因在于他们征服财富之后，财富的些许增加对他们而言只是一个数字的变化，已不能再触动他们的心扉，也难以给他们带来更多的欢乐。而他人对于他们财富的向往与羡慕，对于他们来说，也是负担多于成就感。当他们已经对财富、地位视若无物之时，来自受他们帮助的人群发自内心的感激、尊敬，才是真正能给他们带来欢乐的因素。在这样的行为选择下，帮助他人，给自己带来欢乐，显然是理性的选择。

对于通过交互行为串联起的人际关系网络链条，不仅附带着劳烦、投入，在行为背后也潜藏着人与人之间的感情、尊敬与信任。尽管这些因素难以用现实生活之中的金钱关系来直接衡量，但它们恰恰是串联起人际关系链条的最重要因素。

如果细究这些寄托了感情的行为选择背后的基石，又必须回溯到前文所分析的人与人之间的紧密行为所形成的人际关系。当然，这样的关系可能包括利用血缘、亲缘或者地缘、学缘等客观因素所确定的人际关系，也可能只是简单的由于人与人之间的交际往来所建立起的联系。只有通过上述人与人之间的社会交往，才能最终建立起足以附带感情与利益的交际关系，使得人与人之间的影响力传导成为可能。

墙倒众人推的媒体宠儿

2014年，在中央政府举起的打老虎、拍苍蝇的反腐大旗下，芮成钢绝对算不上什么了不起的人物，最多也就算苍蝇级别，但他却是引起公众话题最多的人物之一。

的确，在很多公众看来，芮成钢是一个相貌俊雅、谈吐不凡、英文流利，并且通过自身努力而一步一步实现人生价值的平民子弟。作为曾经的合肥市文科状元，出生寒门的芮成钢完全符合屌丝逆袭的大众梦想。实际上，在很长一段时间内，大众也基本认可了芮成钢的成功，他所主持的《芮成钢专访》更是成为央视固定节目中少有的以主持人名字命名的节目。一时之间，芮成钢俨然成为央视财经节目的王牌小生，绝对的媒体宠儿。

在电视屏幕之上，我们可以看到芮成钢操着流利的英文与各国领导进行亲切的交流，看上去各国领导人都与他拥有极为熟悉的关系。2009年，在他出版的个人励志性自传《30而励：风暴主播思考中国与世界》中，我们也见证了包括现任国家元首——澳大利亚总理陆克文以及众多政界、经济界的顶级CEO和知名学者对于芮成钢的推崇。

在众多媒体的报道以及平时的日常交往之中，芮成钢也口口声声我的老朋友美国前总统克林顿、我的好朋友英国前首相布莱尔，抑或我的好朋友是某世界500强企业的CEO。看上去，似乎我们所熟悉的欧美国家的顶级人才，无论是政治领袖还是商界精英，或者是知名学者，都与芮成钢有着极深的私交。这也羡煞万千民众，有这么多精英好朋友，芮成钢的前途显然不可限量。在很多人看来，他的能力远远超出我们的想象。

可是，事件的走势完全超越了我们的想象。2014年7月11日中央电视台财经频道的节目预报，还是预报将由芮成钢主持晚上的《经济新闻联播》。然而，当天晚上我们在节目中只看到一张空空的坐椅和女主持人孤单的身影，芮成钢失联的小道消息一时传得沸沸扬扬。在第二天的节目中，芮成钢不仅没能现身以戳穿小道消息，反而看到一贯由芮成钢坐镇的《经济新闻联播》已悄然换了央视的另一名男主持人姚雪松。此时，尽管仍没有准确的消息，但芮成钢出事了似乎已经成了公开的秘密。

不久，公安机关证实芮成钢涉嫌利用采访资源牟利且触犯国家法律，已经被检方带走调查，并从此销声匿迹。此后，甚至有网络大 V 披露芮成钢为外国特务，可能面临死刑。

一时之间，曾经的媒体宠儿、万千政商领袖的亲密朋友已成为国家的罪人，进而身败名裂。此外，芮成钢口中的老朋友、好朋友也陆续出来辟谣，说与芮成钢只是工作关系并没有私交，曾经很多当着媒体面大肆吹捧芮成钢的公众人物也跳出来说，一贯不喜欢芮成钢的为人，而只是与之虚与委蛇、敷衍应酬而已，让人深切感受到人走茶凉的世间炎凉。

可以想象，在芮成钢风光无限的那几年，如果被问及与芮成钢的关系，这些事后急着与他撇清关系的政商领袖们，肯定一口一个好朋友、铁哥们、磁兄弟。然而，当芮成钢沦为阶下囚时，他曾经的好兄弟们纷纷翻脸不认人，不愿再与这样一个是非之人牵扯上一丝的关系。当然，我们从趋利避祸的人类本性出发，完全可以理解这样的行为选择，最多感叹一句“势利之交，难以经远”罢了。

如果运用六度思维，我们就可以更清楚地看透这一切背后的客观规律。在芮成钢事发之前，作为掌握央视财经频道报道喉舌的头牌小生，芮成钢足以运用他的媒体报道和公众影响力，引导公众的舆论导向，左右世人对于接受他的采访或者与他发生各种八卦新闻的政商领袖的评价。正因为他的这种巨大影响力，对于很多急于开拓中国市场或者拉近与中国民众距离的外国领导人而言，芮成钢足以为他们提供一个被广大中国人所接纳的窗口；当然，也足以激发民众对于这些高鼻子、蓝眼睛的外国人的敌对之心。在很多时候，是敌是友，可以说完全掌控在芮成钢的媒体导向之中。在这样的情况下，选择与芮成钢保持良好的关系，甚至在媒体上大肆吹捧芮成钢以换取他的支持，就成为这些外国友人的理性选择了。

相反，当芮成钢因为触犯法律而锒铛入狱之后，如果再从私交上支持芮成钢，无疑是在与查处他的中国政府唱对台戏，甚至引起外交纠纷。这样的代价无论是对外国政府领导还是知名企业 CEO 而言，绝对不是理智的选择，此时选择墙倒众人推也就不足为奇了。

其实，芮成钢的故事也完全证明了六度空间中人的相互影响作用以及这种相互影响作用背后的利益关系。在芮成钢掌控舆论资源之时，他可以为愿意与之私交的外国友人提供积极的舆论引导，以便这些外国友人在中国的政治、经济和社会活动的开展。此时，尽管虚荣的芮成钢会要求这些外国政商领袖借助媒体极力吹捧自己，也就是劳烦这些政商领袖为之提供特别的支持和帮助，但由于他有能力提供足以弥补这种劳烦的利益补偿，因而在芮成钢人际关系网络中的每一个人都乐于接受这种互利的交互行为模式。

然而，当芮成钢沦为阶下囚之后，他已经没有能力为任何人提供任何意义上的帮助和支持了，此时，花费在芮成钢身上的感情投资也将无法收回。因此，芮成钢与他的人际关系链中各位要人之间的交互行为，只能变为各位要人对芮成钢的单向式不求回报的无偿支持。在现代经济社会，显然这样的要求是强人所难。

正如芮成钢的故事所揭示的，尽管传统意义上的六度分隔往往依赖于不同社会主体的自发行为选择，但这些看上去完全不求回报的自发行为选择背后，往往隐藏着人与人之间由于日常交往所形成的感情、信任，甚至是利益关系等潜在因素。如果这些潜在因素不复存在，那么人与人之间的交互关系也就难以维系，看上去稳固的六度分隔关系当然也就化为无形了。

类似我们所深恶痛绝的传销那样，通过金字塔式的利益关系，可以形成上下级之间的利益输送，进而维系彼此之间的交际关系。但是，纯粹的金钱关系或者说利益关系所建立起的这种人与人之间的联系，并不像依托亲情、友情、爱情等纯粹感情因素所建立起的信任关系那么稳固。一旦彼此之间的利益关系被切断，或者是一方对于另一方的单向利益输送被切断，仅保留纯粹索取与纯粹奉献的单向利益传导，那么整个人际关系链的人际联系就难以维系，决定人际关系的交互行为当然只有走向终结一个命运。

从表面上看，六度分隔只是人与人之间单纯的链式交往关系，它完全依托于人的自觉自愿行为，但只有看清了隐藏在这种自觉自愿行为背后的感情与利益关系，我们才能真正看透这样的六度世界，才能真正领悟六度思维的作用机制和传导机理。

第十二章

互联网世界中的六度思维

Facebook 神话的诞生

提起 Facebook，也许很多中国朋友都是只闻其名、未明其详，但是提起中国版的 Facebook——人人网，想必众多年轻朋友都不会陌生。在人人网中，我们可以与从小到大一起成长、一起学习、一起工作、一起生活的众多同学、同事、朋友建立起联系。哪怕我们已经失联多年，只要根据我们曾经一起读书、生活的共同地点，我们就可以在浩瀚的网络之中找到彼此，重续往日的友情。

我们所熟悉的人人网只是中国版的 Facebook，真正的 Facebook 的应用更为宽广。与众多中国年轻人把人人网视为一个功能强大的网络同学录不同，在大多数国家中，不同年龄段的人主要将 Facebook 视为与朋友们交换信息、发起互动的网络媒介。从某种程度上说，如果要套用互联网时代中国人能够理解的语言去解释的话，它其实是使用人人网的架构设计，实施微信社交功能的一款功能相当强大的网络媒介。

与辍学创建微软的比尔·盖茨一样，Facebook 的创始人也是一名从哈佛大学辍学创业的才华横溢的年轻人——扎克伯格。在其创业之初，扎克伯格只是希望构建一个应用于哈佛大学的大学生联系网络。然而，由于它独具匠心的设计，能够帮助注册用户通过学习、生活经历搜寻到其他的朋友资源，因此在短短两个月的时间内，它的用户就扩展到包括麻省理工学院、斯坦福大学、纽约大学、罗切斯特大学等知名的常春藤高校在内的全美各大高校，一时成为最受美国年轻大学生欢迎的社交网络，并在很短的时间之内风靡全球。

当然，从 2004 年 2 月 4 日上线开始，Facebook 的主要客户群是各国的年轻大学生，因此它也对注册用户设置有大学邮箱这一基本要求；而这些大学生用户往往根据自己以往的学习经历，寻找已经失联的同学、好友，因此它被视为一款功能强大的网络同学录。这就启发了中国版的 Facebook，也就是我们熟悉的人人网的设立。

随着 Facebook 的普及，它的用户早已突破了创始人扎克伯格设立时仅针对大学生提供交际媒介的功能设计，开始针对更多年龄层次的用户，也就是创立学校以外的社会化网络体系，成为真正意义上的社会交往网络平台。仅仅上线三年以后的 2007 年 9 月，Facebook 在全美网站中的排名就已飙升至第七位，甚至成为全美排名第一的照片分享网站。在当时，每天上传 Facebook 网络系统的照片就高达 850 万张。2010 年，Facebook 在世界品牌 500 强中的排名，居然超过了扎克伯格的榜样比尔·盖茨所创立的巨无霸微软公司。

2012 年 5 月 18 日，万众期待的 Facebook 终于在美国纳斯达克上市，上市发行价定在 38 美元/股，发售 4.212 亿股；按此计算，其融资规模将达到 160 亿美元。如果按此发行价计算的话，Facebook 的公司总估值将达到 1 040 亿美元，这也创下了美国公司最高上市估值的纪录。上市首日，Facebook 以高出发行价 10.6%的 42.05 美元/股开盘，尽管此后第二个交易日就不幸破发，但其股价长期保持在 30 美元/股以上，表明了投资者对它的信心。2014 年 12 月，仅仅两年半的时间，Facebook 的股价已经涨至 80 美元/股，充分证明了它的巨大投资价值。

凭借 Facebook 股票在证券交易市场中的一路走强，创始人“80 后”小伙扎克伯格也成为全球最知名的钻石王老五、顶级高富帅，其个人身价超过 200 亿美元，更成为全球无数创业青年的心中偶像。

正是由于扎克伯格的传奇经历引起了世人的极大兴趣，2010 年好莱坞著名的哥伦比亚影业公司拍摄了电影《社交网络》，全面揭示了作为一名技术宅男的扎克伯格成长为今天被大家所熟知的创业英雄的成长经历。影片一经上映就引起了极大的社会反响，并于当年拿下奥斯卡最佳改编剧本、最佳电影剪辑、最佳原创配乐三项奥斯卡大奖，同时各种电影节的奖项拿到手软。

扎克伯格的故事足以亮瞎众多旁观者的眼睛，如果你熟悉人人网或者 Facebook 的创意，你会觉得他的所谓天才设想其实并没有什么特别之处，就凭借如此简单的设想，居然可以在如此短的时间内建立如此不可思议的财富帝国，更令人感觉匪夷所思。

与我们所熟悉的人人网的构思类似，Facebook 只是根据每一名用户在不同时间点的共同交集，比如在某几年内共同就读于某一所大学，在特定时间内共同任职于某一个特定的公司甚至特定公司的特定部门，从而帮助拥有共同经历的用户创建统一的社交圈子。只要这些用户在某一个特殊的时空阶段存在过交集，无论他们是否记得，更不论他们是否一直保持紧密的联系，每一名用户都可以根据特定的经历设置，在茫茫的网络世界中寻找与自己或者与特定的对象拥有相同经历的其他注册用户。

正是因为 Facebook 的所有注册用户都可以根据不同的学习、生活与工作经历联系起来，帮助众多用户构建起与其他用户的联系桥梁，最终建立起了众多包含不同社会成员的社交圈，从而与其他用户形成了联系。处于相同社交圈的成员往往拥有相同的经历，这也保证了他们之间拥有更多的共同语言和感情基础，以此保证这些社交圈的活跃度。

如果我现在希望寻找我的小学一年级同学，由于已经过了漫长的数十年时间，即使我们根据传统的媒介手段在报纸上花费重金刊发广告、寻找对方，可能也会由于对方搬到了其他国家或者城市，恰好没有看到广告等原因，而无法实现找到对方的目的。

在 Facebook 体系下，我只需要在注册时真实注明在某一年我是在哪一所小学的哪一个班就读，就可以根据这个条件去寻找符合条件的其他用户。如果我要寻找的对象恰好也注册了 Facebook，那么我们就很容易重新建立起联系了。

当然，也许我希望寻找的朋友并没有注册 Facebook，不过没有问题，通过共同的经历，我可以找到拥有共同经历的其他同学、同事，尽管我与这名朋友失去了联系，但并不代表同时注册 Facebook 的其他朋友就一定也与这位朋友失去联系。通过拥有共同经历的其他朋友，我们还是可以想法与所寻找的那名朋友恢复联系、重建友谊。

可能很多朋友已经看出 Facebook 的设想与本书介绍的六度思维是完全吻合的。在庞大的人类世界中，我们每一个人都会通过某种直接或者间接的方式与他人建立起联系。事实上，每一个人正是通过与其他人的共同经历或共同交往活动而建立联系，这些属于两个人交集的共同经历，就成为串联起整个网络中不同成员的关键连接点。我们只需要找出这些关键连接点，就能发掘出众多看上去毫无关系的社会成员之间的联系。

从某种意义上说，扎克伯格是一个拥有极强六度思维的聪明人，他敏锐地察觉到，只要抓住人与人之间的关键连接点，就可以联系起尽可能多的社会成员，从而把他们纳入一个统一的社交网络。对于扎克伯格创立 Facebook 之初所选择的用户对象——众多大学生而言，共同的学习与工作经历显然是联系起用户最为常见，也是最为重要的关键连接点。因此，通过以学习与工作经历为接点，同时细分每一名注册用户的历史经历，构建起一个拥有海量数据的大数据信息网络，从而自然形成了一个包容世界所有国家中每一名有需求的潜在客户所需的数据信息网络了。

互联网时代中的六度思维

正如我们刚了解到的那样，扎克伯格的伟大设想其实非常简单，但他成功的关键是把六度思维与互联网技术紧密联系起来了。在传统的通信模式下，人与人之间的联系只能通过面对面的直接交往维系。这样，即使你知道可以根据共同经历建立起拥有庞大人群的信息库，但其工程将极为庞大。可以想象，如果在传统技术下，让每一个人登记一个类似于履历表的信息收集体系，再通过人工维系的手段建立起关系网络，这样的网络扩展速度将是相当缓慢的。当一名用户发现在自己的每一个接点上，几乎找不到与自己拥有共同接点的其他朋友时，必然会对这样的系统兴趣无存，进而阻碍了其他人加入这样的网络体系。

例如，当电话刚刚发明时，它只是发明人贝尔应用于实验室的一个通信手段，只有安装了这种实验性通信技术的少数几个实验室才能使用电话，跨越距离的界限进行联系。此时，如果一名早期个人用户选择安装电话，其实也只能联系到其他装有电话的实验室而已，因而其价值极为有限。然而，在电话普及后，每一个普通用户都可以用它轻松联系到其他用户。此时，使用电话已成为每一个人的基本需求，因而安装电话当然就极为自然了。可是，从电话发明到最终得到普及，我们花费了几十年的时间才实现。也就是说，这种商品从实验室到在社会中普及，将要经历一个极为漫长的阶段。

在互联网技术应用之后，新技术的应用与推广得到了极大的推进，特别是在大家熟悉的互联网免费模式下，由于新技术开发商免去了用户获取新技术、新服务的成本支出，从而极大地鼓励了更多的人应用新兴技术，保证了新技术用户数量的爆发性增长。

对于很多中国网民来说，QQ几乎是人们最常见的网络通信工具，对于它的功能与用途，想必不需要笔者多做说明。假设在QQ刚刚推出时，你注册了一个QQ号码，那么你会发现，自己的朋友还没有使用QQ，自己无法通过QQ联系到别的朋友，那么QQ的社交价值当然就荡然无存了。此时，你注册QQ号码的积极性就不会太高。

然而，当QQ已在中国广泛普及，甚至已经达到人手一号之时，可能你所有的朋友都在使用QQ。此时，你就会发现，如果你还不注册一个QQ号码，你就与朋友没有共同语言，也无法保持即时通信联系。在这样的社交压力下，你加入使用QQ的大军也就不足为奇了。

在1999年2月腾讯公司最早推出OICQ，即我们今天所熟知的QQ时，只有它的创始人马化腾和张志东两名用户。此时，如果新生的QQ要吸引新的用户参加其实并不容易，更不要说对QQ收费了。然而，借助于中国互联网事业的飞速发展，在短短一年多的时间里，新生的OICQ用户数已经过亿，此时吸引新用户只是水到渠成的事情了。

在前面所介绍的六度思维中，我们发现：在一个六度空间中的关键点，当某一网络成员可以连接最多的其他成员时，任何一个人只需将自己连上这些显而易见的关键点，就可以轻松建立起与他人的关系。因此，掌握更多的网络资源关键点，其实是掌控六度空间的核心要素。如果所有人只能与自己关键网络中的其他人保持单线联系，就会极大地限制每一层次的交往宽度，那么在人与人之间建立联系就困难得多了。

因此，六度思维比任何传统经济都看重规模经济，突出一种能者通吃的“马太效应”。如果你拥有更多的交往面，认识更多的人员，那么大家都愿意与你结交，并通过你（作为关键点）构建起与其他人的间接联系；相反，如果你是一名自闭的宅男，整天不与他人交往，那么大家也会意识到，就是与你交往，也不可能再认识其他人、获得更多的社会资源，因而大家就不愿与你交往。

在互联网时代，困扰前人的规模效应表现得更为明显，笔者以前曾有一段时间尝试过国产的办公软件 WPS，尽管它与微软公司的 Office 在功能上没有太多的差异，甚至在一些功能界面方面表现得更为优秀，但使用后你会发现，尽管你自己使用 WPS 很方便，但当你与其他人进行文档交流时，如果你发送的文档与其他人的文档属性不同，甚至不兼容，那么就会给其他人带来很大的不便。在这种情况下，决定最终胜局的，已不再是哪一方的功能更胜一筹，往往是用户更小的一方主动做出让步，这就导致市场将集中到处于优势的一方。

上述案例也充分说明了为什么几乎没有企业能够挑战微软在办公软件 Office 或者 PC 操作系统 Windows 领域的领导地位的原因了，因为哪怕你的技术比微软更精妙、更实用，操作界面更友好，用户体验更好，但由于微软已在这两个领域建立了绝对的领导优势，甚至说是一种绝对的市场垄断，那么只要它自己不放弃这个市场，就没有人可以撼动它的领先地位。

同理，即使有人在当前的互联网世界中发明了比腾讯 QQ 界面更友好的即时通信软件，创造出比 Facebook 更完善的社交网络，但由于当前的市场已明显集中于市场领导者手中，只要领导者不出昏招，不主动放弃自身的优势，再强的竞争对手都难以对它形成威胁。

通过互联网技术，一些处于市场领导地位的网站、软件、应用，由于拥有更多的用户和掌握了规模优势，就成为了本书所说的六度空间中的关键环节。当越来越多的人选择这种处于领导地位的互联网技术时，一种强大的、足以阻碍任何市场竞争者进入的垄断力量就此形成。

当然，这里说的互联网技术往往更加强调技术的来源，而在技术的具体应用中，我们还要看到在同样的互联网技术应用中，拥有更广泛接口的主体又成为整个技术应用中的核心。

在我们所接触的社会网络之中，如果人与人之间是通过六度分隔而形成联系，并且每一个人都是通过各种间接的手段，以一些特定的社会成员为媒介，与网络体系中的其他成员形成各种直接或间接的联系，而后通过这样的链状人际交往链条，实现信息在不同社会成员之间的传输。然而，正如前文所介绍的三人成虎的故事所表达的那样，信息在人际传播的过程中往往会产生一定的失真，造成信息的扭曲，最终影响了信息在不同社会成员之间传播的效率。因此，如果不能有效控制信息人际传播的失真度，必然会影响整个六度世界的形成。

很多朋友都玩过微博，在微博中抒发自己的所思所想，与自己的粉丝进行互动交流。但是，对于我们绝大多数普通玩家而言，我们的微博往往只有为数不多的几个生活中的好友关注，因此阅读量不会大。与众多普通玩家相比，很多公众人物，特别是我们所说的网络大V，往往拥有数百万、上千万的粉丝，哪怕是一句随口的简简单单的话，也会如“且行且珍惜”般，很快成为网络热词，红遍网络世界。

因此，同样是在网络中发言，普通人的言论只有少数人关注，通常不会引起太大的波澜，很快就余波不兴了。而作为网络社交体系中的关键点，如果某一个拥有数千万粉丝的网络大V随手转发了一条未经证实的网络传言，那么就足以在网络世界掀起巨大的风波。这也是中国为什么着重强调整治网络大V造谣传谣的原因所在了。

从某种意义上说，大家愿意关注或者转发一些网络大V的微博，完全是由于爱屋及乌——由于喜欢这个大V的个人，转而对他拥有更高的信任度。至少与网络上自己根本不认识，也丝毫不了解的其他网络人物相比，自己更愿意相信大V们的发言都是表达自己内心的所思所想，同时作为这些明星大V的个人粉丝，也乐于接受自己偶像的观点，因此愿意相信他的发言。哪怕这些明星大V们只是转发他人的微博，众多粉丝们也往往出于对这些大V们的信任，而选择转发或者支持。

实际上，网络大V们是在使用自己的信用背书担保自己的发言。熟悉汇票、支票等商业票据的朋友们都知道，如果一个人想要转让自己所持的某一张商业票据，在通常情况下，转让人需要在票据背后签字盖章，表明对这张票据的兑付承担责任。如果这张转让之后的票据最后被拒付了，那么所有在其背后背书的单位或个人都有义务承担这张票据未被兑付的经济责任。这种模式其实是使用背书人的声誉为待转让的票据提供担保。

如果市场对于这些愿意背书承担责任的单位或个人的声誉仍然没有信心，那么转让人就可以再找一个更具市场声誉的第三方个人或企业为自己担保。比如说，我拥有一张未到期票据，但希望提前贴现。可是作为一个普通的自然人，票据市场对于我的个人声誉并无信心。在这种情况下，由我背书担保的票据在市场上可能无人问津。如果我与中国工商银行有日常的业务往来，并在中国工商银行

拥有一定资金规模的资金账户，我就可以请求中国工商银行为我所签发的票据提供担保，由中国工商银行在我转让的票据背后签字盖章，表明中国工商银行也愿意承担连带责任。此时，因为大家相信中国工商银行的声誉，所以就愿意接受这张票据了。在这样的机制中，中国工商银行就成为给我所签发的票据提供背书担保的担保人。

在网络中，众多网络大V们其实就扮演着上述票据转让过程中的中国工商银行角色，他们的转发实际上就是在利用自己的声誉，对这些网络言论承担责任，担保这些网络言论的合法性。众多网民正因为相信这些网络大V个人，所以愿意相信他们的言论。

作为网络社交体系的关键点，如果网络大V们可以无限度地透支自己的信誉，并且不用为自己的言论承担任何责任，那么他们将肆无忌惮地随意转发网络流言，进而导致网络谣言的泛滥。

2013年9月，最高人民法院和最高人民检察院发布的《关于办理利用信息网络实施诽谤等刑事案件适用法律若干问题的解释》，明确网络谣言转发超过500次可以构成诽谤罪，从而勒住了网络大V们随意发言的脖子。他们在发布每一条信息之前，都要考虑到对自己的言论承担法律责任，当然就不会再随意转发没有证实的信息，从而减少了网络谣言的传播。

从法律监管上说，网络谣言转发500条入刑的规定，就是运用六度思维，把握网络社会中的核心点，从严管住更具网络影响力的大V们的言论，自然就达到了净化国内互联网环境的效果了。

微店营销的信任机制

随着微信等现代移动通信手段的普及，想必很多人已经对充斥于微信朋友圈的微店营销不再陌生。很多人选择在自己的微信朋友圈发布一些商品的供需信息，向自己的微信好友宣传或展示某些商品的优越性能或者低廉的价格，进而实现向好友们推销某些商品，从中获得一定的利润，甚至把它视为自己的第二职业或者互联网创业的开端。然而，如果运用六度思维深度剖析微店营销模式的话，这样的微店营销其实也像前文所说的网络大V一样，完全是用自己的信誉担保自己销售的商品，进而不断透支个人信誉的运营模式。

与前一时期盛行的个人博客、微博或者国外的 Facebook 类似，朋友圈其实也是一种基本的网络社会交往模式，每一个人都可以在自己的朋友圈内抒发自身的感受，转发一些自己喜爱的新闻、文章、图片，以实现与好友分享、互动的目的。

然而，如果要分析微信的话，它又与其他几个互联网社交网络平台存在根本的差异。像博客、微博或者 Facebook 中的个人主页，都是基于网页技术而建立的个人网络信息平台，每一个人的信息发布都是以网页形式保存于互联网之中。这就意味着整个交际平台都是开放的，任何一个人其实都可以通过网页搜索或者链接的方式进入任何人的社交主页。

几年前曾经曝光的一位腐败官员就曾经通过微博与情妇相约包房，结果被网友无意中发现，在互联网世界中曝光，最终被揭穿腐败的真面目。在这个缺乏基本互联网常识的腐败官员意识中，他认为自己的微博应该是私密的，只有自己的微博好友，也就是情妇一个人才能看到自己的肮脏言论。然而，在开放的以网页媒介为基础的网络社交平台中，其实所有人都可以通过网页搜索的方式进入并旁观他的发言，他所期待的发言私密性其实是不存在的。

与以往的互联网社交平台不同，微信是基于手机通信录或 QQ 好友而建立起的社会交往平台，尽管也设计了诸如“摇一摇”这样的结识新朋友功能，但从总体而言，微信是更为私密性的、好友之间的交际平台，它无法实现此前社交平台扩大社交宽度的目标。

从表面上看，由于交际广度的差异，每个人的微信好友数量存在较大的差异，但通常说来，正常人的微信好友数量大多为数十人至上百人之间；也就是说，如果你想通过开设微店创业，在自己的微信朋友圈发布商品信息，通常只有自己的几百名好友才能看到，这与动辄上千万、数亿粉丝规模的微博大 V 的关注度相去甚远。相比而言，哪怕是电视、报纸、杂志等传统媒体的关注度也会远远超过微信营销，因而将实现商品销售最大化的梦幻寄予微信之上，是非常不靠谱的选择。

然而，正如我们每个人所看到的那样，微信营销已成为互联网时代全民创业的一种时尚，似乎我们每一个人在微信朋友圈中都会时常看到一些好友发布的商品宣传或营销的信息。如果没有前途，也不能带来利润，为什么会有如此多的人如飞蛾扑火般自寻死路呢？

六度思维

其实，解释上述问题的答案缘于两个方向，而这两个方向都反映了前文介绍的六度思维的核心思想。我们在介绍社会交际网络中核心人物的关键作用时，特别强调了一个结论，评价一个人在整个社会交际网络中地位的核心因素有两点：一是他的交往宽度；二是他对自己交往链中其他人的影响力强弱。当然，如果单就网络宽度而言，微信影响群体的面实在太小，这在很多人看来就是微信营销的死穴。然而，这些人忽视了一点，在微信营销所影响的小众群体内，它对于每一个信息受众的影响力是巨大的。

正如我们感受到的，我们的微信好友通常都是与我们的工作、学习、生活存在紧密联系的朋友、亲戚、同事等，我们彼此间相互了解、相互信任，因此，尽管同样是广告，但如果它是你信任的朋友所发布的商业信息，那么其可信度显然就完全不同了。在整个微信营销运行机制下，类似商业票据的背书一样，在微信营销中，其实是每一个人都在通过发布商业化的信息，透支别人对自己的信任。出于对你个人的信任，你的微信好友更容易接受自己的好朋友发布的商品信息，因此就具有更大的将其转化为实际消费能力的欲望，从而最大限度地发掘微信营销的价值。

对于一个社会网络中的个体而言，他对于整个网络的影响力可以用其能够影响的个体数乘以对于个人影响程度的乘积来表示。在传统的广告宣传媒介下，我们往往更愿意接受更多受众面的营销方案，比如选择受众面更宽的网络广告、平面媒体、电视广告等。但是，尽管电视广告看上去更动感、更具诱惑力，但由于信心的缺乏，其对于受众个体的影响程度其实并不强。也许有数万人看到某个广告，甚至都对这个广告做出很高的评价，但真正愿意购买相应的商品，给广告商带来利润的交易数量不会太多，当然就会极大地影响这些广告的最终效果。

相反，如果这些广告是以好朋友的购物心得、扫街秘诀等形式与挚友亲朋交流，那么出于对这些广告发布人的信任，受众当然更容易接受广告的内容，并发起相应的购物活动，给广告发布人带来真金白银的收入。尽管微信广告的受众群体小，但转化率高，这可是微信营销最大的价值所在，进而保证了微信营销的强大影响力。

当然，如果一个人所发布的微信广告只能被自己的微信好友所关注，那么即使转化率为100%，通常也就是数百单商品交易，尽管看上去交易数量不少，但对于一个志向远大的商家而言，这样的交易量显然不能满足他们搞出微信营销的目标。因此，微信营销的第二个优势恰恰是它类似于六度分隔的链式传播模式。

我们看到的微信广告通常都会包含分享有礼之类的活动，只要好友愿意转发、分享相应的商业信息，也可以从中获得一定的利益补偿，从而鼓励更多的人重新发布相同的商业信息，以保证它能被更多的人看到。

如果某人在自己的微信朋友圈中发布了一条商业信息，假如他只拥有 100 名微信好友。从表面上看，这条商业信息的直接受众只有 100 人，因此就大大制约了它的商业开发价值。然而，如果通过转发有奖或者分享有礼的激励手段，可以刺激此人的 50 名微信好友参与转发，而这 50 名微信好友又有 100 名微信好友。这就意味着只需要经过一轮转发，到了第二度的微信空间之内，它的受众已扩大到 5 000 名；如果按照相同的原则不断转发下去，只需要通过一轮一轮的重复性转发、分享，就可以使本来只是面向一个窄小空间群体的微信营销，被扩充到一个无限大的空间之中。

更为重要的是，尽管从商业广告的受众规模来看，通过重新转发，微信广告原则上可以无限扩张下去；然而，在每一轮的重新发布之中，它仍是在一个小群体范围内发布，都是依托于信息发布者的个人信誉作为商品品质的担保，因而可以最大限度地保证其对于该信息发布圈内成员的强烈影响力。

正由于微信营销兼具规模的无限扩张与小圈子营销模式下对于受众的强力作用，因此微信营销才会在现代互联网经济中得到越来越多的重视。在微信朋友圈中开一家属于自己的微店，已成为很多年轻人开始梦想的摇篮，而这一切仍然无法脱离本书所强调的六度思维的指导作用。我们发现，由于互联网技术大大加快了信息发布和流通的速度，反而更容易构建起包括多个社交层次的 N 次元空间，进而通过互联网技术实现信息在多个社会阶层间的流动，进一步推动类似于微信营销的现代商业模式的产生与发展。

“冰桶挑战”背后的六度思维

如果问起 2014 年最火爆的互联网活动，可能很多人都会想到一个劲爆的活动——冰桶挑战。它的游戏规则很简单，每个游戏者可以在网络上发布自己被一大桶冰水自头淋下的视频，然后就可以点名邀请其他人参与这种秀。被点名者或者选择在 24 小时之内接受冰水淋头的遭遇，并上传相关视频，或者是向对抗

“肌肉萎缩性侧索硬化症”（ALS）捐出 100 美元。

在这场风靡全球的冰桶挑战中，我们见证了太多的商界大佬、政界领袖接受挑战，将一大桶冰水从头淋下，感受温暖的身体被冰冷彻骨的冰水冻结并慢慢失去知觉的痛快，由此亲身感受到患上 ALS 的痛苦和无奈。当然，也有很多包括奥巴马、马英九等冰桶挑战者选择放弃冰桶挑战，转而向 ALS 患者提供一定的经济捐助，为这些患者提供了力所能及的支持和关心。

ALS 是一种运动神经元疾病，患者在患上这种疾病后，就将表现出肌肉无力、肌肉挛缩，最终导致患者出现语言和吞咽困难，甚至因为呼吸困难而死亡。在整个过程中，患者就好像被冰冻住了一样，这也是为什么冰桶挑战游戏选择让正常人接受冰水的冲淋而模拟患上 ALS 的原因所在。我们熟知的大物理学家斯蒂芬·霍金就是最著名的 ALS 患者。

在很多人看来，冰桶挑战的突然火爆是一个纯粹的偶然事件。它只是一个 ALS 患者的家人为了表示对于患者的关心而特别设计出来的游戏类活动。美国波士顿学院的著名棒球运动员皮特·弗雷茨患上了 ALS 这种特殊的罕见病，为了安慰他受伤的心，他的家人和朋友们选择接受冰水的冲淋，以示对弗雷茨的支持。

作为一名在当地小有名气的运动员，亲人们对弗雷茨的这种纪念活动很快就流传到当地的一些职业运动员，比如美国职业篮球联盟波士顿凯尔特人队的球星拉里·隆多、美国职业橄榄球联盟前球星史蒂夫·格里森，并通过这些著名球星的社交网络向更大的媒介传播、扩散。

在整个冰桶挑战活动的初期，冰桶挑战只是在波士顿地区的运动圈以及弗雷茨的朋友圈内小范围流行，但曾经替微软拍摄过超级碗广告的著名橄榄球球星史蒂夫·格里森成为整个冰桶挑战活动兴起的关键人物，因为他最早在 Twitter 上点名微软公司的总裁纳德拉参与挑战，冰桶挑战就此扩展到更具人气，也更具参与性的互联网科技领域，从此掀开了一场令人意想不到的冰桶挑战新风尚。

纳德拉在接受格里森的冰桶挑战之后，欣然上传了自己惨遭冰水淋头的视频，而后又继续挑战亚马逊的 CEO 杰夫·贝索斯、谷歌的创始人拉里·佩奇等其他互联网巨头。自此，冰桶挑战开始在美国的互联网科技领域迅速展开，正是由于纳德拉、贝索斯以及此后参加挑战的苹果公司 CEO 蒂姆·库克、Facebook 创始人马克·扎克伯格、微软公司创始人比尔·盖茨等商业领袖的陆续加入，加上他们在互联网与经济生活中巨大的影响作用，最终形成了参加一场冰桶挑战，并且有创意地设计出自己被冰水淋头的场景，竟然被很多人视为证明自己在互联网经济中地位的重要标志。能够有人挑战自己，在自己完成冰桶挑战后，再去挑战更具名望的其他政商领袖，甚至被很多商界人士视为倍儿有面子的一场展示个人魅力的秀。

当然，由于互联网产业与经济、政治的紧密联系，继众多互联网经济大佬加入冰桶挑战后，包括美国总统奥巴马、前总统乔治·布什、比尔·克林顿、俄罗斯总统普京、中国台湾领导人马英九等知名政治家也陆续被人挑战，受邀请参加冰桶挑战，而他们的加入进一步加强了冰桶挑战的社会影响力。

当然，全球互联网经济发展速度最快的市场——中国也根本不可能逃脱冰桶挑战的影响，包括奇虎360CEO周鸿祎、腾讯马化腾、锤子科技罗永浩、百度李彦宏、阿里巴巴马云、小米雷军等中国互联网经济中的所有领袖级的人物以及王力宏、章子怡、周杰伦、刘德华等演艺明星都很快参与了这场秀。一场旨在帮助ALS的慈善活动，差不多已完全变成由互联网所推动的青年领袖们卖力出演的一场全民狂欢的真人表演秀。

想必各位朋友对于这场冰桶挑战的产生与演化的过程仍然记忆犹新。事实上，在冰桶挑战之后，在国内的一些个人社交媒体，诸如QQ、微信之上，还曾出现过游戏规则与冰桶挑战基本类似的其他挑战，如所谓的微笑挑战等。不过，如果透过所有挑战游戏的各种游戏规则设计的面纱，我们会发现：实际上，所有的挑战游戏只是我们所熟悉的真心话大冒险游戏的网络升级版。

与生活中几个朋友三五成群玩真心话大冒险，彼此要求对方回答难以启齿的问题或者不容易完成的任务，以求刁难朋友、看到朋友难堪表情的乐趣类似，冰桶挑战也是向自己的朋友发布一个艰难的挑战任务——接受冰水的洗礼。它们的区别在于，冰桶挑战的整个传导机制完全通过互联网社交平台实现，与传统的小范围群体游戏项目相比，其变化的余地更大。对于参与者而言，他们参与游戏的选择更多。由于众多场外旁观者的存在，被挑战者的窘态将被放大，这也保证了挑战者从中获得的乐趣更多。

如果推究冰桶挑战成功的原因，六度分隔所依仗的链式社交关系显然是整个冰桶挑战传递下去的关键。在冰桶挑战的游戏规则中，所有人在接受自己的朋友发自互联网社交媒体的挑战之后，可以拥有两个选择：一是中止整个冰桶挑战的传播，比如奥巴马、马英九、林志玲等公众人物，他们往往选择捐款，而不是在公众面前狼狈地惨遭冰水淋身。当然，他们可以既不捐款，也不接受冰桶挑战，对于朋友向自己的挑战熟视无睹。然而，当冰桶挑战已演化为一场全民大狂欢时，哪怕奥巴马总统按游戏规则对 ALS 提供捐款，都遭受了美国民众极大的谴责，认为他剥夺了美国民众享受冰桶挑战的欢乐。如果不绅士地既不捐款，又不接受挑战，那么被挑战者所承受的舆论压力将会相当大。

上面所说的中止冰桶挑战的选择，与在六度分隔实验中选择不按实验的要求把信件传递下去的行为本质上是一样的，都是中止影响力沿着社交关系链传递的行为，这就使得人际关系链成为一条不能延续下去的死链。由于广大旁观者的存在，使得制造死链必然会受到更多的质疑与批评，从而依靠一种互联网力量所生成的舆论压力，逼迫每一条传导链条中的参与者都必须按游戏规则把游戏继续下去，这也就保证了冰桶挑战链状传导的有效性。

那些根据冰桶挑战的规则接受挑战，并向三个左右自己的朋友发出新挑战的做法，更是利用了六度思维，通过人际关系链条进行影响力的人际传播，从而保证了这种影响力可以跨越个人的社会交往范围，通过一种间接传导的机制实现更大范围的扩张。这与本书所说的六度分隔的内涵没有本质的区别。

值得注意的是互联网技术在六度分隔过程中的应用。在最早的六度分隔实验中，米格拉姆通过人群把信件向特定对象进行传递，尽管每一封信都必须经过多个实验对象的手，但每一个实验对象都只能从一个实验的前端对象处得到信件，也只能把信件传递给一个实验后端对象，整个链条的传导都是单链条式的直线传播。然而，如果在今天的信息社会再想继续这样的实验，我们完全可以通过电子通信和移动互联的方式完成，每一个实验中间对象完全可以把所获得的信件通过转发的方式，向自己的所有联系人进行转发。也就是说，可以低成本甚至无成本地实现“一对多”的辐射状扩展，从而把整个实验扩展为一个以最初实验对象为圆心、不断向外扩展、链条日益增多、关系日渐繁杂的复杂网络。通过互联网通信技术的引入，信息可以更高的效率、更低的成本跨越人际关系进行传导，从而进一步推进了六度分隔的建立。

正如冰桶挑战真实案例所反映的那样，在冰桶挑战产生初期，它的传导固然借助了 Twitter，Facebook 等社交网络，但很多是借助真实的人际交往进行的，因此它的传导几乎局限于波士顿地区熟悉弗雷茨的朋友或者亲友，它的扩散能力并不强大。可是，当一些互联网巨头被引入扩散系统，并通过互联网技术进行扩散与传播之后，后面的故事完全超出了最早设想出冰桶挑战的弗雷茨朋友们的想象了。从这个方面来说，正是由于前文所说的网络中关键人物的加入，从而有效提高了六度传播的效率，并导致了这个变化的出现。

在互联网世界中，人际链条之间的关系传导变得更为顺畅，也更容易将上述关键人物引入关键链条，使六度分隔的传播得到了更大的巩固与加强。正是由于六度思维的存在，我们才通过互联网技术把现代世界转化为一个紧密联系的地球村。

特别需要注意的是，我们一直说六度分隔依赖的是人与人之间的自愿行为传递，但这种自愿的行为往往建立在感情、利益以及信任的基础上。在互联网技术被引入之后，推动人与人之间这种间接联系的六度思维力量又多了一个，那就是参与。

冰桶挑战之所以成为全球关注的热点事件，是因为几乎所有人都能被纳入其中，成为其中的一环。我们可以接受挑战，设计出冰桶挑战的场景，再向其他朋友发出挑战，旁观并评价他人的挑战行为。在这个过程中，几乎每一个环节、每一个过程都需要行为人的参与，都能给相关的行为人带来乐趣。可以想象，如果这样的挑战行为严重脱离大众的生活，比如不是简单地接受冰水惩罚，而是要求跳入北冰洋游泳或者爬上珠穆朗玛峰大喊三声“我是猪”；如果不接受挑战，不是捐款 100 美元，而是要求捐款 100 万美元，大家能够想象这样的挑战还能风靡全世界吗？

可能除了身体极为虚弱的朋友之外，大多数人都可以一次性承受冰水的冲淋，但有几个人能够从北冰洋游泳中幸存，又有几个人能够攀上世界最高峰？对于美国人而言，100 美元并不是什么了不起的数字。因此，即使不接受挑战，自己所承受的惩罚也不会让自己痛苦太深。实际上，即使在我们看来生活极为富裕的美国人，也没有太多人能够拥有百万身家，因而百万美元的惩罚完全脱离了美国人的生活。

在上例中，尽管只是对冰桶挑战的游戏规则做了一点点的修改，当这样的游戏已不再是所有人都能参与、都能投入其中的大众游戏，而转为只属于少数人的小众游戏时，显然大家的参与度就会大打折扣，进而影响到这种游戏的扩散与传播。

现实生活中依托于 QQ 空间、微信朋友圈等社交媒体的游戏项目和营销行为屡见不鲜，但我们往往发现：即使这些希望用户转发、扩散的信息会设计一些机制，鼓励用户完成一些转发、评价等任务，并给予奖励，但这样的任务往往是简单化的，而不会过于复杂。因为这些机制的设计者知道，在小的利益诱惑下，甚至没有利益，但只要完成任务的过程中参与者能够享受到参与的乐趣，那么他们就会自愿地投入其中。

但是，互联网社交网络中的参与度是以低进入门槛、低烦扰为基本特征的，我们平时也会感受到这一点。有时，我们也想参与一些市场营销活动。但是，如果这样的营销需要我们过多投入时，也就是当这些麻烦完全超过自己所能获得的福利，反而会打消我们参与活动的积极性。

在2014年“双12”期间，中国互联网经济中的大佬马云为了扩大支付宝在生活消费中的应用，推出了一项促销举措：凡消费者在“双12”当日，在指定的超市、商场消费，可以获得50元以内的五折优惠。于是，在当天各大参与活动的超市中都挤满了前来享受打折消费的顾客。然而，很多年轻的朋友很快发现，尽管消费可以获得打折，但为了享受这种打折，自己必须排上半个小时甚至更长时间的队。事实上，自己在工作之中半个小时能够创造的收入也许远远不止50元。于是，很多年轻朋友往往乘兴前往超市消费，而后因为忍受不了排队的煎熬，最终放弃结账，退出这场营销活动。

事实上，在这场活动的当天，笔者也曾考虑前往邻近的超市凑一下热闹，但个人的理性思维提醒我，在如此大力度的优惠刺激下，超市的人肯定相当的多，也许排队付款将是一项浩大工程。为了享受这50元的优惠，自己所承受的拥挤的痛苦与排队的无聊，也许足以抵消这50元的优惠了，因此我理智地放弃了前往超市享受优惠。

据相关媒体报道，最终参与活动的大多是没有收入的学生与退休在家的大妈、大爷们，因为在他们的心中，50元的优惠价值还是超过半个小时的排队烦扰。这恰恰证明了不同社会群体参与度的成本—收益差异。

其实，上例从另一个角度验证了作者的观点，互联网技术正是通过它的低门槛和大众参与性，扩大了它在各个群体之中的影响力，实现了六度分隔在更大群体之中的扩散，而参与以及从参与中获得乐趣，恰恰是保证六度分隔的关键。

第十三章
社会生产之中的六度思维

“福喜事件”发生之后

对于很多人而言，当我们来到一个陌生地区，似乎就应寻找最地道的当地美食，踏上寻访中国好滋味的美食之旅。然而，在很多时候，这些寻找地方美食的努力，往往存在很多现实的困境。作为这个城市的陌生人，特别是在时间紧张的工作、旅途之余，我们很难抽出足够的时间，踏遍半个城市去找寻最地道、最美味的地方风味小吃。

有些人习惯在旅游之前就认真做功课，提前通过互联网查清相关目的地的餐饮文化与特色小吃，并且在旅途之中也有充足的时间和信息帮助他们找到各地的地道美食。然而，他们会发现，大饭店里的美食固然吃得安全、放心，但价格同样高高在上，过于阳春白雪。对于很多旅游者来说，略显曲高和寡，难以接受。街边大排档的地方美食的确价格低廉，但很多时候，它的卫生根本没办法保证。如果人在旅途吃了不卫生的东西，出现了腹泻，更是得不偿失。

正是出于上面的顾虑，在很长一段时期，如果因为出差或者旅游而来到一个陌生的城市，对于我而言，要解决自己的吃饭问题，最简便、最放心的办法就是在街头随便找一家麦当劳或者肯德基，叫上一份套餐，从而轻松解决口腹难题。相信与我一样选择的朋友也许不在少数，很多朋友都与我一样，更愿意把洋快餐作为解决旅途就餐难题的首选方案。实际上，在平时的生活中，我并不喜欢麦当劳与肯德基的口味，除了出差或者旅游外，也很少主动选择到这两家几乎已成为儿童乐园的西式快餐店就餐。

然而，作为全球最大的两家连锁快餐企业，肯德基与麦当劳早已确立了在全球餐饮业中的领导地位，消费者愿意相信它们分处世界各地的每一家快餐店都会按照完全标准化的规范运营方式，进行统一运营、科学管理，这也能保证我们在世界各地的任何一家肯德基或者麦当劳中所吃到的同一款产品的工艺与口味是完全一样的。

尽管 2012 年的“3·15 晚会”就已曝光了麦当劳在中国的部分餐厅使用过期原料生产食品以及不规范工艺操作带来的一些食品卫生问题，但这在某种程度上，反而相当于给麦当劳与肯德基做了一个免费的广告——原来这两家快餐店的卫生标准如此严格，对于过期原料与食品的处理居然有极为严密的制度规定。尽管在中国国情下，这些洋快餐的一些门店并不能完全按规则保证食品卫生，但它们对于食品卫生与安全的规范化管理程度显然远强于很多国内的知名餐饮企业。当这些洋快餐企业出现食品卫生的丑闻之后，很多人反而相信，这两家快餐企业必然会进一步加强对于食品卫生的管理，必然会导致它们的食品卫生更有保证。因此，奇怪的现象出现了：在食品卫生丑闻曝光后，麦当劳与肯德基的生意不仅没有受到冲击，反而变得更加红火。这一现象甚至被很多人视为对于中国食品卫生问题的莫大讽刺。

然而，2014 年 7 月“福喜事件”的发生完全打破了中国人对于洋快餐的这种盲目迷信，最终导致麦当劳、肯德基等洋快餐的经营业绩急剧下滑，甚至被很多人看作有可能成为这些洋快餐在中国发展的转折点。所谓的“福喜事件”，其实就是上海东方卫视的记者通过卧底偷拍，曝光了上海的一家知名跨国食品企业——上海福喜食品有限公司（以下简称“上海福喜”）存在大量使用过期变质的肉类原料的违规生产行为。

需要特别说明的是，这家出现如此恶劣食品卫生丑闻的上海福喜是包括麦当劳、肯德基、必胜客、星巴克、棒约翰在内的众多洋快餐的长期食品原料供货商。换言之，这些经上海福喜使用过期变质食材所生产出来的产品，又经过我们所信任的麦当劳、肯德基等洋快餐企业的柜台，堂而皇之地以各种汉堡、比萨等西餐食品的方式，被众多中国消费者所购买并吃到肚中。这些洋快餐的最大顾客群体恰恰是自身对于病毒的抵抗能力最低的儿童消费者。一时之间，对于在食品卫生问题上已经草木皆兵的中国消费者来说，肯德基、麦当劳出售的已不再是可以放心入口的美味食品，而是毒害自己，特别是自己孩子的剧毒食物。周末带孩子出来吃一顿肯德基，本是很多家庭最为常见的日程安排，但“福喜事件”发生之后，它已被很多家长看作带孩子服毒自杀的自残行为，因此在很短的时间内，曾经门庭若市的麦当劳与肯德基等洋快餐企业已经门可罗雀，同时营业额急剧下滑。

为了消除“福喜事件”对于自己的负面影响，麦当劳与肯德基只能紧急停止使用自上海福喜采购的所有食材。长期以来，作为全球最大的食品原料公司，福喜公司在世界各地都与上述跨国快餐企业保持着良好的合作关系，也成为这些跨国餐饮企业食材的最主要供应者。当福喜公司的食材被紧急从这些快餐企业的食品加工中撤出之后，由于在短时间内不能找到其他质量有保证的食材供应商，于是在国内各大城市的洋快餐门店中，包括汉堡、比萨、炸鸡等主要的快餐产品都不见了踪影，像我们所熟悉的肯德基、麦当劳已沦落到只剩下饮料和甜点可选，其他产品一律无货的艰难境地。

更令人想象不到的是，由于上海福喜的一部分鸡肉产品远销日本，因此日本麦当劳全面停止销售可能使用这部分食材的“麦乐鸡”产品。这使得日本麦当劳成为“福喜事件”链条中最远的一环。

为了消除“福喜事件”对自己的负面影响，在东方卫视报道“福喜事件”后的第四天，麦当劳就发布公告，宣布全面终止与上海福喜的合作关系。然而，它们同时宣布，将把自己的食材供应来源逐步调整为福喜集团旗下的河南福喜，并向河北福喜采购部分产品。一时之间，舆论哗然。从麦当劳公司的声明中，中国消费者不仅没有看到对于公众所关注的食品卫生问题的关注，反而是对于福喜集团这家与自己有着数十年良好合作历史的老伙伴的生死相依与不离不弃。在这样的风口浪尖之时，麦当劳的表态无疑是把自己推向了中国消费者的对立面。一时之间，包括众多中国消费者在内的民众对于麦当劳的选择发出了激烈的抗议，麦当劳在中国的经营第一次承受了全面的舆论非议。

短短一天之后，在巨大的舆论压力之下，麦当劳中国再次发表声明，宣布全面暂停从福喜中国以及它的众多合资公司购买食品原料。即使如此，对于麦当劳以及其他洋快餐食品的产品卫生问题，还是引起了众多国人的关注，原来洋快餐企业并非食品安全问题的一方净土，在缺乏监督与管理的条件下，哪怕是管理再规范、运营再科学的拥有百年历史的世界知名企业，也可能把自己的一世英名毁于一旦。

也许在很多人看来，在这次“福喜事件”中，麦当劳与肯德基只是受害者，并非真正的罪魁祸首。因此，它们根本不应成为媒体关注的焦点以及公众指责的对象。然而，由于对自己原料供应商的监督不力，导致食品卫生质量不合格的食材大量进入自己的生产体系，并通过自己大量销售到食品市场中，甚至危害了众多中国消费者的身体健康；对此，麦当劳和肯德基难辞其咎。

既然这些洋快餐企业在这些洋快餐产品从生产到销售的整个链条中处于最重要的位置，它们自然难以逃脱对于原料供应商监督不足的责任，当然也就对此难辞其咎。因此，在这一恶性事件中，这些洋快餐企业既是受害者，也是上海福喜的帮凶，当然应该承担相应的法律责任和社会责任。

从产品链到价值链

正如“福喜事件”揭示的那样，因为上海福喜为众多洋快餐企业提供诸如鸡肉、牛肉等肉类原料，而在以炸鸡、汉堡为代表的西式快餐中，这些肉类原料恰恰是最重要的生产材料。如果这些材料从源头上就已出现了质量问题，那么无论麦当劳、肯德基之类的洋快餐企业拥有如何严格的业务流程管理制度、如何规范的内部管理与监控以及如何化腐朽为神奇的美食工艺，都无法避免其生产出的食品存在严重的质量问题。

这也是为什么“福喜事件”发生之后，会有众多的专家、学者、媒体替这些洋快餐企业鸣不平的原因所在。然而，作为一家规范化运营的跨国餐饮企业，无论是麦当劳还是肯德基，它们的责任都是向消费者提供营养、美味、健康的美食产品，尽管在它们产品的生产流程之中会涉及一些原材料或者中间产品的使用，但这些洋快餐企业完全可以自行决定是由自己独立承担起所有中间产品的生产与供应，还是从外部市场采购中间产品。

既然麦当劳和肯德基选择从外部市场采购蔬菜、肉类等食材，那么为了实现自己给消费者提供营养、美味、健康食品的承诺，它们自然需要设法保证自己的原料采购来源规范、可溯源、原料生产工艺规范、原料质量有保障，而这些都可以通过对于采购商的采购管理和供应商监控得以实现。

作为一家拥有百年历史的全球知名的食品企业，福喜集团正是凭借其对于产品品质的严格管控，才赢得了包括麦当劳、肯德基在内的几乎所有知名跨国餐饮企业的信任，并与这些餐饮企业维系了数十年的良好合作关系。这也使得麦当劳、肯德基开到哪里，福喜集团就跟到哪里，在世界各地为这些老伙伴提供良好的原料供应服务。这也是为什么“福喜事件”发生后的第一时间，麦当劳的选择不是撇清与福喜公司的关系、彻查福喜公司变质原料进入麦当劳的严重后果，而是选择把供货商从同属福喜集团的上海福喜转到河南福喜，以求继续维持与福喜公司良好合作关系的原因所在了。

显然，在麦当劳、肯德基看来，选择福喜公司就是选择了放心。福喜公司提供的肉类产品显然会比从集市上随便一个摊贩处购买的肉类产品看上去品质更有保障。然而，正是这种多年交情所积攒下来的对于福喜公司的信任毁掉了福喜公司在中国的事业发展。正因为福喜公司知道，自己的品牌和历史就是自己最大的金字招牌，无论自己的产品品质到底如何，只要挂上福喜公司的品牌，就足以吸引众多的世界知名餐饮企业的购买。正是源于这种信任，那些餐饮企业根本不会再费时费事地对福喜公司所提供的食材品质重新进行质量检测，而是大亮绿灯，放任自己的产品进入这些食品企业的生产体系之中。这也是为什么东方卫视会拍摄到福喜公司把购自其他食品公司的过期食品再贴上福喜公司的品牌，就能让这些不合格食材摇身一变，成为来自福喜公司这个知名企业的可靠、放心食材而顺利进入消费者所深信的洋快餐企业的原因所在了。

从整个食品生产中来看，从福喜公司提供食材，到物流企业把这些食材送到各家快餐企业，再经过一段时间的仓储，然后由快餐公司制成各种美味的食材，最终进入消费者的口腹之中。整个食品的生产构成了一条明显的产品价值链，也就是经济学中经常提及的社会生产链或者产品价值链。

与前面所介绍的人类社会之中的六度分隔类似，在现代商品社会之中，对于每一种产品来说，从设计、加工制造、物流、营销，到最终进入消费者手中，在整个流程中往往会经过多个不同环节，由不同企业完成，只要任何一个环节发生问题，就会像多米诺骨牌倒下一样，在整个产品链中处于出问题环节后端的其他环节都会发生问题，最终给消费者带来灾难性的后果。

因此，在同一产品生产流程中的不同产业和不同企业之间，由于产品与生产的相互衔接，形成了非常紧密的关系。这种联系足以通过产品在生产周期中的流动和经济资源在社会中的分配，对同处一个链条中的其他企业产生巨大的影响作用。

在我们的印象中，很多古装剧反映的古代社会生产极为简单，比如武大郎卖的炊饼、王麻子卖的剪刀，市场上所售商品的生产工艺都相当简单，往往是由一个生产者独自完成生产，或者由生产者的家庭作坊通过简单的分工协作完成产品研发、生产、销售等所有工作。在这样的传统手工生产机制下，几乎所有产品的生产都是条块状的，也就是每一样产品的生产都与其他产品相互独立，也不存在复杂的内在联系。在这样的机制下，每一种产品的供应都可以由生产者完全掌握，并由生产者独立承担起产品的经济责任与社会责任。

然而，随着社会生产的不断发展，复杂机械、流水线、计算机等辅助生产的工艺在社会生产中得到了更加充分的利用，现代化社会大生产早已取代了传统的家庭手工作坊生产。现代产品已很难再像数百年前那样可以由一个人或者一个家庭完成全部工艺流程，而是依托于不同企业甚至不同行业之间的合理分工、协作，形成一条完整的生产价值链。

比如说我们在面包店吃到的面包，看上去只是一个简单的产品，与几百年前武大郎的炊饼似乎也没有什么本质的区别。然而，乍一看，我们只是去面包店购买了面包，但面包店却必须从面粉厂、黄油厂以及其他调料厂购买制作面点所必需的各种原材料。如果再往前推，面粉又是由众多分散经营的农民或者规模化运营的农场生产出的小麦，通过机械碾磨而成，它的供应往往又会受农民、农场、农业机械厂、面粉加工厂等众多经济主体经济活动的影响。与此同时，制作面包所使用的黄油必须源于高品质的牛奶，通过凝结、炼取、消毒、冷藏等众多工艺完成，同样需要众多的企业参与它的生产过程。也就是说，看上去非常简单的面包，其实也是由包括面包店、面粉厂、牛奶厂、农场等众多商家合作完成的，这与传统机制下完全由武大郎一个人完成整个炊饼的全部生产、销售的模式是截然不同的。

随着社会化大生产的日益深化，众多企业之间已通过专业化分工形成了一张无边无际的社会分工网络，它们根据社会生产的流程设计，或者为其他企业提供中间产品或原材料，或者提供生产服务，或者从其他厂商那里获得相应的原料、服务等，从而形成了一条与六度分隔的人际关系极为类似的生产价值链。

正是由于在现代生产网络之中，每一个厂商都只是整个社会化大生产系统中一个微不足道的组成部分，但它们通过分工协作的方式，又与其他厂商、其他行业形成了各种直接或者间接的联系，最终建立起目前这种包罗万象的全球分工体系。在这样的分工体系内部，每一家厂商都可以通过各种经济联系与任何国家（或地区）或者其他行业的厂商建立起各种联系，并相互施加各种影响，从而形成了一个六度分隔的世界。

在现代全球分工体系之中，每一个厂商都不是独立存在的，而是与其他经济主体存在着各种经济或社会的联系，因此它们不仅需要对自己的行为负起责任。在很多情况下，由于自己的前端或者后端的协作伙伴行为会对自己产生影响，同时自己的行为也会对前后端的伙伴们施加影响力，因而每一家厂商都必须关注自己的行为对于整个社会生产体系的影响力，特别是对于前后端伙伴们的影响。同样，为了防范或者最大限度地消除合作伙伴的行为对自己造成的负面冲击，自己也必须通过紧密的相互联系，以防其他经济主体的行为给自己造成损失。

正是由于这个道理，在“福喜事件”中，看上去麦当劳与肯德基是无辜的受害者；然而，由于这种分工协作所产生的链式作用机制的存在，它们必须对自己的行为以及所有协作伙伴的行为都负起责任。正是由于这些知名的餐饮企业没有在原料采购过程中把好质量关，没有对原料供应商的品质进行严格管控，才导致这场“福喜事件”的负面影响无限扩大，最终把越来越多的企业卷入其中，造成一场不可收拾的食品卫生风波。其中，这些以受害者面目出现的麦当劳、肯德基们的过错，显然是不容易忽视的。

链状分工与协作管理

民以食为天，对于现代中国人而言，食品卫生始终是一个老百姓最关注的热点话题。如何安全、卫生地享用美食，这是众多国人追求的梦想。然而，近年来，由于过于追求经济价值，导致商业道德沦丧，以苏丹红、三聚氰胺为代表的食品卫生事件层出不穷，不断地摧毁着人们对于中国食品安全的最后一丝幻想。

2014 年，“福喜事件”的曝光，甚至打破了国人对于外国餐饮品牌的迷信，使得国人真正认识到在国内的食品安全问题上，最后一块阵地也已丢失。然而，“福喜事件”并不是食品安全问题频出的2014年的唯一坏消息。2014年初的“3·15晚会”曝光杭州一些无良食品厂商出售过期烘焙食材，结果导致杭州全城的面包店全部沦陷，遭遇顾客的集体退货退卡；作为全球最大的零售企业沃尔玛的部分门店被曝光炸制熟食的油一月不换，黑如酱油，甚至使用过期原料生产熟食直接用于销售，导致沃尔玛在国内的业务也是日渐西山；而台湾媒体曝光的地沟油事件，由无良商人通过回收馊水油制成的油品居然销及整个台湾，甚至包括香港与大陆的部分市场，被台湾媒体哀叹全岛沦陷，而后康师傅、统一等知名台资食品企业也被卷入这场地沟油事件，并遭到大众的用脚投票，导致产品的销售受到极大的影响。

一时之间，无论街边巷角的餐饮小店，抑或高端大气的知名西式快餐，还是口碑卓著的台资、港资食品企业，几乎没有一家的食品可以让我们放心下肚。以美食著称的中国人，正在遭遇前所未见的“舌尖上的烦恼”。

正如“福喜事件”揭示的那样，整个中国的食品生产都呈现出链式结构，不同企业恰如分处同一条产业价值链中不同位置的多个结点，它们通过相互供应原料或者产品形成经济联系，从而组成一个完整的社会生产网络。然而，在这些网络之中，如果某一环，特别是处于产业链相对前端或者说上游位置，属于为其他企业提供原料供应或者生产设备的企业所提供的产品出了问题，那么在其后端或者说下游位置，所有使用了这些不合格产品的企业的失败就是命中注定的。

对于众多处于价值链后端的企业而言，如果不能合理地选择原料供应商，不能有效地保证自己生产所用原料的安全、稳定，那么一旦上游企业出现了食品安全问题，就很容易把自己卷入风波，影响自己的经营稳定。当然，为了实现这一点，就应该像麦当劳最早选择福喜公司那样，通过长期的合作关系，借助自然的优胜劣汰，最终选出质量最可靠、最值得信任的原料供应商。

作为现代经济体系中追求利润最大化的经济主体，谁都明白，在商业交易中，自己赚多了，其实就相当于交易对手赚少了；或者说，自己其实是在与交易对手的博弈过程中，最终实现共同发展的。如果每一家厂商在所有的交易中都追求自身利益最大化，希望最大限度地挤压交易对手的利益，那么这种损人利己的行为最终会导致没有人愿意再与自己发展经济合作。然而，如果一家厂商完全不计较利润，把利润都留给交易对手，这又会大大制约该厂商的利润水平和成长能力，同样会限制自身的发展。只有实现双方共赢，保证交易双方都可以从这次经济交易中获得收益，那么处于现代社会生产网络中的各厂商才能最大限度地实现自身利益的长期化和稳定化。

正是在上述思想的指导下，即使像福喜公司这样，经过数百年的漫长发展才最终确立自己的市场领导地位，成为赢得众多合作伙伴信赖的知名跨国公司，但一次次的质量安全事件告诉我们，信任永远不能替代监督。如果下游厂商把质量管理的全部责任都交给类似长期合作的业务伙伴这样的第三者身上，则恰似与虎谋皮，这些企业所信赖的第三方合作伙伴自然会想法利用这种信任机制，力争最大限度地扩大自身的利润。正是在利润的驱使下，上海福喜才会想到利用众多跨国餐饮企业的信任，通过偷工换料、以次充好，最大限度地实现自身利润最大化。然而，这种单向式索取的最终结果只能打破社会生产网络之中的信任机制，导致社会生产中无序与混乱的产生。

因此，出于质量安全的考虑，下游企业必须强化对于上游企业原料采购管理的品质管理和生产监控，以求最大限度地保证上下游企业的利润和整个社会生产的稳定运行。

2015 年新年伊始，在我国很多地区传出由于国际市场牛奶价格大幅下跌，导致国内奶农损失惨重，甚至很多奶农把辛辛苦苦挤出来的牛奶倒掉，导致我们在教科书中看到的只有在极为腐朽的资本主义社会遭遇经济危机时才能看到的把牛奶倒入下水道的现象，居然在今天的社会主义的中国也得以见识。

在国内牛奶市场一片惨淡之际，很多专家、学者力主针对外国牛奶（包括牛奶制品）采取贸易保护措施，保护中国处于小规模经营的奶农们的生存权利。然而，我们不知道这些所谓的专家学者有没有看明白整件事情背后的原因所在。

尽管中国众多奶农的经营困难是缘于国际市场上牛奶价格的暴跌，但真正导致众多国内奶农的牛奶卖不出去的原因并不在此，真正断了这些奶农生存之机的恰恰是他们自己，他们在为自己过去犯下的错误买单，奶农们以前造的孽，苦果当然自己尝。

也许很多人还记得几年前的三聚氰胺事件，该事件最终不仅导致了三鹿这个当时中国奶业的龙头企业倒下，还导致了中国奶业的全行业沉沦。而导致这一事件的，恰恰是一些奶农为了增加收入，在牛奶公司收牛奶时，他们在牛奶中掺水，然而掺水会导致牛奶中蛋白质的比重降低。牛奶公司在检测奶农的牛奶质量时通常采取的凯氏定氮法，恰恰就是检测牛奶中的蛋白质含量，这就导致掺水的牛奶很容易被检测出来。一些有点小聪明的奶农想出一个看似聪明的办法，他们在掺了水的牛奶中加入尿素，而尿素加入牛奶后往往会生成三聚氰胺，从而提高了牛奶的蛋白质比重，以此来蒙蔽牛奶公司的检查，使牛奶公司无法发现他们掺水的小伎俩。

然而，三聚氰胺是一种剧毒物，它通常用作装修建材中防火层的涂料，是根本不允许被添加到食品中的。然而，为了给牛奶掺水、多赚些昧心钱，很多利欲熏心的奶农还是选择把它加入牛奶，并渐渐成为全行业公开的秘密。很多乳业公司其实知道奶农的这些小伎俩，但为了压低牛奶的收购价格，他们有意识地装作不知道，照常收购这些存在严重质量问题的牛奶。最终导致以三鹿为代表的国产奶粉都检测出了三聚氰胺，很多儿童由于食用这些奶粉最终死亡或者终生残废。

三鹿事件曝光后，三鹿最终走上了破产、被收购的道路，很多相关责任人受到了法律的严惩，然而这个事件却极大地影响了国人对于国产乳制品的信心。与很多中国父母一样，当我有了自己的孩子之后，我根本不会考虑在市场中购买任何国产奶粉，而是不辞辛苦地到处托国外的朋友，从遥远的大洋彼岸寄来自己觉得更信任、更货真价实的外国奶粉。

既然三聚氰胺事件抹杀了中国消费者对于国产奶粉的最后一丝信任，那么中国乳业公司的日子就不好过了。因为消费者们都选择“用脚投票”，导致中国乳业公司的奶粉根本卖不动，进而使众多中国乳业公司对于中国奶农的牛奶需求量迅速下跌，甚至为了迎合市场的需求，它们有意识地购买外国牛奶，然后宣传自己在国外有奶源，并全部使用质量更有保证的外国牛奶。2015 年，当国际市场的牛奶价格大幅下跌之后，这种利用外国牛奶替代中国牛奶的做法变得更加盛行，中国奶农的牛奶当然就卖不出去了。

可以想象，如果没有当年的三聚氰胺事件，中国众多乳业公司的日子会好过很多，它们也会更多地购买中国奶农生产的牛奶，即使国际市场上的牛奶价格下跌，除去降低运输时间和国际采购成本的考虑，还会有很多中国乳业公司选择中国牛奶的。但是，中国奶农在牛奶中添加三聚氰胺的行为，最终砸了自己的饭碗。

更为过分的是，2014 年一些国内媒体再次曝光，广东的一些奶农为了与进口牛奶竞争，再次选择往牛奶中掺水和加入三聚氰胺，以降低成本、压低自己所生产牛奶的价格，而这种做法消除了中国消费者对于中国牛奶的最后一丝信任。正是由于一些奶农不自觉地违背职业道德，在牛奶中添加本不应该出现在牛奶之中的三聚氰胺，结果透支掉了国人对于国产牛奶的全部信任，最终落得个自食其果的下场。

实际上，与前面所说的麦当劳、肯德基一样，如果以三鹿为代表的中国乳业公司在采购奶农的牛奶时，对于牛奶品质的管控能够做得再严格一些；或者奶农往牛奶中添加其他物质，它们都能第一时间发现，并施加严厉的惩罚，消除奶农投机取巧的幻想，也许中国的乳业也不会像今天这样沉沦。处于乳业领域中最前端的奶农的不规范行为，居然毁掉了整个中国的乳业市场，这也恰恰证明了在价格链中，不同行业之间存在有机联系。

价值链中的微笑曲线

可能很多人都知道，现代社会大生产模式的基本内涵就是通过合理的分工协作，尽可能地实现物尽其用、人尽其才，最大限度地发挥资源的利用资源，从而实现生产效率的提升与生产成本的降低，并创造更大的社会财富。为了实现这一点，每个经济主体应该集中所有的经济资源从事自己最具优势、最能给自己创造经济价值的工作，同时通过市场交易的方式，把其他的工作都委托给其他人。

比如我们熟悉的耐克运动鞋，也许大家都明白这是一个美国品牌。然而，我们所买到的耐克运动鞋没有一双是真正产自美国。的确，耐克公司会掌握耐克运动鞋最前端的研发和最后端的市场营销，而处于中间、对于技术要求最低的加工制造环节，早已通过在中国、孟加拉国、菲律宾等劳动力成本更低的国家寻找替耐克贴牌生产运动鞋的当地企业完成。这就构成了我们通常所说的微笑曲线，高收入国家往往在全球的价值链中占据着利润水平最高、经济资源的开发与利用最彻底的最前端科技研发环节与最后端市场营销环节，而把中端利润率较低的加工制造环节外包给发展中国家，这样的产业链选择恰似一个人的笑脸，因此也称微笑曲线。

在微笑曲线中，决定不同国家、不同企业在全球产业价值链中位置的，恰恰是它们对于经济资源的掌控能力以及对价值链中其他环节影响力的强弱。例如，我们可以想象，无论是耐克鞋的生产或者麦当劳汉堡的制作工艺，其实并不神奇，也不像我们想象的那么复杂，或许我们在路边摊随便买到的杂牌运动鞋的质量或者炸鸡翅的口味，与耐克或麦当劳并没有想象中的那种天壤之别。也就是说，在现代化大生产的体系中，借助于现代化的机器设备，这些世界知名品牌的生产工艺已经大大简化了，哪怕是经济发展水平落后、科学素质低下的发展中国家的劳动人民，通过简单的培训，也足以承担起这些名牌产品的生产工作。因此，耐克与麦当劳想寻找一个替它们从事加工制造工作的代理商，其实是相当简单的任务。

然而，不是每一家运动鞋品牌都能每年推出新的科技创新概念，也不是每一家炸鸡店都能让孩子们把吃这种普普通通的炸鸡视为一种欢乐的家庭节日。在这些工作背后的研发与营销策划，其实是相当复杂的专业工作，只有那些真正具有全球化的视野、雄厚的经济实力、专业的品牌意识、扎实的品牌运营能力的厂商才能完成如此复杂的工作。一个普通的加工制造企业要寻找一个把自己培养成世界品牌的前端研发机构或后端的营销机构，极为困难。

正是由于这种复杂的企业发展格局，导致现代产业价值链中处于最前端与最后端的往往是专业能力要求最高，也是利润率最高的产业环节。当然，它们是由在全球经济中处于绝对领导地位的发达国家的知名跨国公司所掌握。而微笑曲线的低端，也就是中间环节的加工制造，反而成为无所谓的环节，也是现代产品生产中的鸡肋环节。这也是为什么我们所追捧的苹果 iPhone 手机其实大多产自中国，尽管它的价格远高于国内手机市场上的绝大多数手机产品，但真正替苹果生产这些手机的中国加工企业富士康公司组装一台苹果手机的利润却不足 20 美元。其实，这种窘境恰好反映了富士康公司与苹果公司在 iPhone 价值链中的不同地位。

在整个社会生产网络中，如果上下游企业之间是一种极为松散的联系，因而彼此之间的影响力不足，反而会使下游企业难以通过相互之间的经济联系对上游企业产生决定性的强制力和约束力，进而弱化了社会生产网络之间的关联度，并给很多企业的正常运营带来很大的不确定性。

例如，苹果公司选择中国的富士康公司替它代工 iPhone 手机，而自己集中全部经济资源用于 iPhone 手机的研发和营销，反而能够赚得最多的利润。然而，如果富士康公司的生产管理或者是原材料供应出了问题，最终导致大批次的 iPhone 手机出了质量问题，就将严重影响苹果公司的市场形象，甚至完全摧毁 iPhone 手机的市场领导地位。

我们一直强调信任不能取代监督，因此苹果公司绝不会因为对于富士康公司的信任，就完全放弃对于富士康生产运营的监督与管理。对于富士康生产的 iPhone 手机质量的严格检查，只有通过高密度、大强度的监督及检查，把富士康偷工减料的念头完全扼杀在萌芽状态，才能真正保证 iPhone 手机的高品质。

然而，富士康毕竟不是苹果公司的全资子公司，它们只是作为业务伙伴而长期开展业务活动而已。作为商业伙伴，苹果公司当然可以对自己委托富士康生产加工的 iPhone 手机品质进行严格的检查；然而，如果想全面深入富士康的生产线，对独立企业富士康公司生产经营的各个方面都进行冷眼旁观、细致监督，显然会引起富士康公司的不满甚至抵制，最终影响富士康代工 iPhone 手机的积极性，并且影响 iPhone 手机的质量。

事实上，只有在一家企业内部，当各个流程的运营和管理都在同一家企业的同一个管理中枢之下时，不同环节之间的衔接与管理才能得到有效的保证。因此，随着现代经济的发展，一种新的发展思维开始重新赢得很多企业领导者的认同，那就是通过纵向一体化，尽可能把一切生产都纳入自己的生产体系。

比如说我们看到很多汽车厂会选择收购轮胎厂、汽车玻璃厂甚至汽车电子件厂，用来重新组建大而全的产业格局。从表面上说，作为汽车厂，它们的优势当然是在汽车的生产制造中，但根据我们的了解，汽车的品质在大多数情况下不仅取决于汽车厂的生产制造能力，也受这些汽车生产过程中所用轮胎、玻璃、汽车电子产品的质量影响。例如，2011 年“3·15 晚会”曝光天津的锦湖轮胎厂大量使用返炼胶生产轮胎，导致轮胎出现大量的质量问题。其结果导致包括北京现代、上海通用、奇瑞、吉利、比亚迪等国内众多使用锦湖轮胎的汽车公司纷纷躺枪，遭遇消费者的集中退货、返修和质疑。

显然，汽车公司很难对上游的轮胎生产进行全面、细致的监督与审查，即使在采购过程中进行一些质量检查，也难以保证百分之百的放心。与其时刻担心自己购买的零配件成为引发质量危机的导火索，那么选择由自己投资建设或者投资收购这些上游企业，自行生产所需的大部分零部件，虽然在品质和生产成本上无法与专业生产这些产品的顶级厂商相媲美，但至少能换得一个放心。

正是由于在整个社会生产过程中上下游企业之间的这种紧密联系，反而导致专业化与全面化两种不同的企业运行模式在现代全球经济中都拥有极大的市场。专业化分工胜在效率，而全面化生产赢在对于上下游的全面掌握能力。对于不同的企业而言，根据自己与上下游企业的经济联系以及对经济资源的占有情况，合理地选择最科学的运营策略，也许是赢得市场竞争的关键所在。

丰田模式与精益生产

如果因为担忧上下游合作厂商出现质量问题而影响自身的市场声誉，进而放弃通过合理分工，以市场交易的方式获得自身发展所需的产品或服务的话，那就真的是因噎废食。在社会分工已获得极大发展的今天，自给自足的传统生产方式已完全没有了市场。即使是很多企业选择纵向一体化，自行供应产品的上流零部件或者原材料，但它也不会妄想由一个厂商完成数百甚至数以万计的零件生产。

更重要的是，在现代全球化分工体系中，如果一个厂商能使自己与所有的上下游合作企业都保持运营的同步调、同节奏，确保企业运营策略与生产安排完全保持协同发展，自然就能从外部市场获得原材料与服务；如果还能够和这些外部企业保持更甚于企业内部不同部门之间的协同，自然就能在保证优化分工的基础上，有效地保证企业产品的高品质和高运营成本。在这方面最突出的代表，就是我们所熟知的丰田模式。

20 世纪 50 年代，在丰田公司的快速发展过程中，公司的高管发现：随着公司规模的不断扩张，生产过程中设备、零部件、人员的浪费日益严重，甚至严重影响到丰田公司在国际汽车市场中的竞争力。因此，公司副总大野耐一根据公司的运营特点，提出了准时生产或者说精益生产的概念，实现在真正需要时，根据需要的数量生产所需的产品，高效率地实现多品种、小批量、零库存、低消耗的生产系统。

我们可以想象，如果丰田公司要生产一个型号的汽车产品，那么即使最普通的汽车也有一个底盘、一个方向盘、一个发动机、四个车门、四个轮胎、五个座位等等。假如丰田汽车总装厂不生产任何汽车零部件，而是选择从市场上购买所有的零部件产品，然后由自己的汽车组装工人完成汽车组装工作，最终生产出一辆辆高性能的丰田汽车。

在我们想象的一般生产模式中，如果丰田公司的这个组装厂这个月计划生产 10 万辆汽车，那么显然它们应该首先通过市场交易，从相关的零件厂购买 10 万个汽车底盘、10 万个方向盘、10 万个发动机、40 万个车门、40 万个轮胎、50 万个座位。然而，如果一次性购买这么多汽车零件，一方面将给这个汽车装配厂带来巨大的资金压力，买这么多零件得花多少钱啊？另一方面，要知道生产汽车也是需要时间的，哪怕一天能够生产5 000辆汽车，也就意味着一天只需要5 000套这些相关零件，剩下的零件其实都是提前买的，不但挤占资金，还要专门找仓库存放这些多余的零件。

如果这个汽车装配厂能够根据自己的生产进度，每天只购买5 000个汽车底盘、5 000个方向盘、5 000个发动机、2万个车门、2万个轮胎、2.5万个座位，甚至根据每一个小时的生产进度进行零件的采购、进场、装配，那么就有可能做到真正的零库存，不但实现资金最有效率的使用，也可以大量节约零件运输、仓储、转运的成本，当然就可以更好地提升企业的运营效率了。

如果是一个公司内部的不同生产环节或者不同部门之间想实现上述的精益生产，那就相当简单了，只需要通过“看板”，也就是在生产的不同环节都以明显的标志标明某道工序需要使用什么数量的各种零件，并通过看板的传递来指挥零件在不同工序之间的移动与使用，保证零件的适时使用和高效传递。

最简单的看板就是用来放置零件的台车、圆盘等容器。例如，当生产需要某一种零件时，生产线工人将挂有取货看板的容器从装配线传递到零件存放位置，当零件管理工人取下取货看板，根据取货看板上标明的零件种类与数量把容器装满，并根据使用次序把零件传递到生产线的不同环节，然后根据生产看板的生产安排对零件进行生产加工，再将最终完成的成品运往存放场所。在整个看板过程中，所有的生产计划不是在原有的生产模式下，根据零件的多少，由生产的第一道工序开始进行生产安排，再依次向下一道工序推进，从而实现生产的前端推动。看板生产是由最后一道工序根据基本的生产计划，依次向前方工序提出物料需求，从而实现后端拉动。

从表面上看，看板管理似乎只是一种生产管理的革新，这样的生产运营完全是根据需求制订生产计划，这就避免了在传统的前端推动生产模式下，某些零部件生产过多，而其他零部件却又生产不足，最终导致零件数量不匹配，从而影响了生产运营的稳定进行，并且极大地增加了企业的库存压力。通过需求导向，直接根据生产需求制订生产计划，并实现原料与进度的适时调整，从而倒推出每一个环节所需的标准生产安排，没有看板绝对不允许进行零件或者库存的传递与运送，从而通过严格的需求导向，保证资源配置的科学与合理。

伴随计算机广泛应用到现代化大生产之中，这种传统的看板管理也逐渐被更为高科技的计算机辅助生产管理所替代，通过在每一个生产环节设置计算机屏幕，显示当前的生产进度、零件的使用和需求，标注对于前端零件供应的需求，以及后端生产环节的生产供应完成情况，借助统一监控管理的计算机生产管理系统，集中监控各个生产车间、生产线的运营情况，实现企业生产进度的全局性统筹安排，如果出现设备故障、产品质量问题等意外事故，将由相应的电子看板及时反馈到信息中心，并由信息中心灵活掌握和适时调整每一生产环节的生产进度安排，保证整个生产的协调与同步。

然而，如果整个生产所涉及的环节并不局限于拥有统一管理中枢的某一家企业，而是涉及处于生产价值链中不同环节的众多厂商之间的进度协调，那么上述看板管理的运行机制就更为复杂，但核心思想不会有明显的变化。比如说前文的丰田装配厂，自己并不生产任何一个零配件，而全部通过市场交易从其他厂商处购买。此时，供应商的供货效率就直接决定了企业生产运营的稳定性。如果有一个供应商供货不及时，就可能造成大面积的停工待料，从而造成生产能力的极大浪费。比如在前文所说的汽车主要零配件中，假设其他零配件都及时到位，但发动机厂商出现了供货不及时，没有发动机的汽车肯定跑不起来，也肯定无法称为汽车。于是，所有的生产环节只能停下来，等待发动机的到位，而发动机一天不到位，那么公司的生产就将陷入一天的困境。

在通常情况下，丰田公司只需把所有的库存与物料供应都外包给专业化管理的供应商，并通过提前沟通主生产计划的方式，让零配件的供应商能够大致了解公司的进度安排和对零配件的需求情况。在日常的经营过程中，丰田公司可以通过日常的看板管理，适时由生产线向仓库的零配件供应商发布零配件的领用命令，而由专业供应商完全根据看板的真实需求安排零配件和物料的供应，并根据生产进度所造成的看板指令变化适时调整物料的供应，这就把库存管理的压力完全转移给专业化管理的零配件供应商，确保了装配企业运营效率的提升。在这一过程中，专业供应商固然必须承担一定的仓储成本压力，但只要其仓储规模不超过生产计划中的看板数量，它的仓储压力并不会太大。此外，由于专业供应商可以与汽车装配厂商达成长期的合作协议，因而可以极大地降低自身的市场风险和运营费用，这也激励这些供应商愿意参与企业的精益生产，实现双方的共赢。

然而，正如六度分隔思维所揭示的那样，每一个生产环节其实都会通过前后端的需求变化，对于整个社会生产体系产生重大的影响。再完美的生产运营体系，如果某一个环节出现了严重问题，那么上述看板管理就无法推行下去，而是需要通过引入新的参与者或者省略原有的运营环节，用以减少问题环节对于整体生产运营的冲击。

正因为如此，丰田的精益生产模式听起来很简单，但在具体运营过程中，不仅需要规范化的生产管理，而且必须保证劳动力与设备的柔性，以实现当市场需求发生变动时，只需要通过劳动力的投入规模与设备运营效率的管理，就可以简单实现零配件的协调供应和生产运营的稳定。

在丰田众多的外购零配件供应商中，爱信精密机械公司（以下简称“爱信公司”）并不是一个广为人知的企业，它为丰田供应的产品中就包括P-阀门，它仅有一盒香烟大小，却被广泛用于控制汽车刹车压力及辅助防滑。正因为这种阀门对于生产工艺的高度依赖，长期以来，丰田公司仅从爱信公司购买这款零配件。更为特殊的是，爱信公司也仅在它的刈谷第一工厂生产这款设备。在20世纪90年代，这个工厂每天大概可以生产32 500个P-阀门，并源源不断地根据丰田的看板，运向丰田的各大组装厂。

然而，1997年2月1日，一个星期六的早晨，一件令所有人都意想不到的事件发生了，爱信公司刈谷第一工厂发生了火灾；5个小时后，它的所有生产线、厂房、设备全部毁于大火。也就是说，工厂再也没有能力生产出哪怕一个P-阀门了。可是没有P-阀门，丰田汽车就安装不了刹车；没有刹车，丰田汽车就根本不能生产出汽车用于销售。看上去，整个丰田帝国都处于岌岌可危的状态。

由于高效率的精益生产模式，当时丰田每天大概仅保有供两天生产所需的P-阀门，而丰田公司一共拥有30条汽车生产线，每天出厂的汽车超过15 000辆。以刈谷第一工厂火灾前的生产能力，可以轻松满足丰田公司对P-阀门的需求；然而，当它毁于火灾后，仅仅四天（到了2月5日）后，丰田在世界各地的工厂中就找不到一个P-阀门，所有汽车的生产都陷入停工状态。

刈谷第一工厂与丰田公司就好像六度分隔中看上去相隔千里，却紧密相连的两环。通过P-阀门，这两家看上去毫无关系的企业之间居然实现了生死共存。我们很难想象，像丰田这么庞大的汽车帝国，居然会因为一个不起眼的零部件短缺而陷入困境；我们更难以想象，丰田公司如何面对P-阀门持续短缺一个月、半年甚至一年的状况。

事实上，作为丰田精益生产体系的一个组成部分，爱信公司已不再仅仅关注火灾给自己造成的损失，它们完全明白恢复P-阀门对于丰田公司的意义。因此，在火灾尚未扑灭时，爱信公司与丰田公司已经联合起来，致力于P-阀门生产的恢复工作。尽管当时没有任何一家企业拥有生产P-阀门的能力，更不了解相关的生产技术。更为糟糕的是，爱信公司对于P-阀门的经验主要建立在它们的现有生产工艺之上，对于不掌握其生产工艺与设备的其他企业，并不能提供太多的帮助。即使这样，爱信公司与丰田公司还是在设计思想与理念上，为其他公司提供了非常多的信息参考。因此，在第一时间内，有超过150个公司被纳入新的P-阀门生产的供应商，62家企业被丰田公司确定为P-阀门的应急生产商。其中，很多企业以前是生产缝纫机、钻头等与汽车零件毫无关系的企业。

此后的故事发展更加戏剧化：火灾之后的第三天，已有超过100种新型的P-阀门被研制、生产出来。丰田停产一天之后，即2月6日，已有两家丰田工厂重新恢复生产；而到了10日，丰田公司的日产量已恢复到14 000辆；一周后，丰田公司就已完全恢复到火灾前的水平了。

当然，上述故事是一个完美的结局。看上去，爱信公司与丰田公司通过P-阀门紧密地联系在一起。然而，当这种联系被打破之后，仅仅通过仿制P-阀门，又有超过100家企业通过为丰田公司提供各种不同款式的P-阀门，而与它产生了新的联系。

在这个以丰田公司为核心的六度空间之内，通过不同的P-阀门，丰田公司可以与多家不同的企业产生直接或者间接的联系，如果能够协调它们之间的关系，也就是根据丰田公司的精益生产思想，保证P-阀门的适时、准确供应，就可以有效控制丰田公司的生产成本，提供丰田公司在国际汽车市场中的竞争力。

然而，如果这种联系被打破，无论是刈谷第一工厂的火灾或者是麦当劳肉类供应商福喜公司的质量丑闻，又会通过两者之间的联系，对关联企业产生直接或者间接的联系。这又要求每一个企业绝对不能在一棵树上吊死，如果在某一环节上只有一个特定企业，那么这个环节就很可能成为影响企业发展的定时炸弹，也就是企业发展的阿喀琉斯之踵，随时把企业带向深渊。

只有建立更为广泛的联系，就像丰田公司在刈谷第一工厂发生火灾后，迅速反应，很快在市场上建立新的P-阀门供应，打破了原有的唯一路径，才能最大限度保证企业运营的安全与稳定。

当然，对于丰田公司和麦当劳而言，经过多年的合作，刈谷第一工厂和福喜公司已成为它们的P-阀门与肉类食品的唯一供应商，或者是最重要的供应商。这样的信赖机制以及两者之间的友好协作机制，也许能够保证物资供应的稳定、有序，对于维持相关企业的产品质量和运营效率，的确是有极大的保证的。但是，如果企业不能寻找到物资供应的备选方案，就很容易被价值链中的协作伙伴绑架，被迫建立某种攻守同盟，反而更容易把企业带入困境。

与人类社会完全相同，现代化的大生产也讲求不同企业、不同生产环节、不同产品之间的衔接与联系，这往往需要我们运用六度思维抽象出它们之间的关系。但是，对于全球化生产体系中的一个有机组成部分（即现代化企业）来说，建立更为广泛、稳定的企业联系，为企业运营提供更多的选择和更大的保障，也许才是真正具有六度思维的管理策略。

图书在版编目（CIP）数据

六度思维/姜达洋著. —北京：中国人民大学出版社，2015.10
ISBN 978-7-300-21575-4

Ⅰ.①六… Ⅱ.①姜… Ⅲ.①思维方法 Ⅳ.①B804

中国版本图书馆 CIP 数据核字（2015）第 152706 号

六度思维
姜达洋　著
Liudu Siwei

出版发行	中国人民大学出版社		
社　　址	北京中关村大街 31 号	**邮政编码**	100080
电　　话	010－62511242（总编室）		010－62511770（质管部）
	010－82501766（邮购部）		010－62514148（门市部）
	010－62515195（发行公司）		010－62515275（盗版举报）
网　　址	http://www.crup.com.cn		
经　　销	新华书店		
印　　刷	天津中印联印务有限公司		
规　　格	170 mm×240 mm　16 开本	**版　　次**	2015 年 10 月第 1 版
印　　张	12 插页 1	**印　　次**	2023 年 3 月第 2 次印刷
字　　数	205 000	**定　　价**	61.00 元